AF453556

PLANTES ET BÊTES

CAUSERIES FAMILIÈRES

SUR L'HISTOIRE NATURELLE

COURONNÉ PAR L'ACADÉMIE FRANÇAISE

PLANTES ET BÊTES

CAUSERIES FAMILIÈRES

SUR L'HISTOIRE NATURELLE

PAR

JULES PIZZETTA

OFFICIER DE L'INSTRUCTION PUBLIQUE

A TRAVERS CHAMPS

ILLUSTRÉ DE 63 GRAVURES

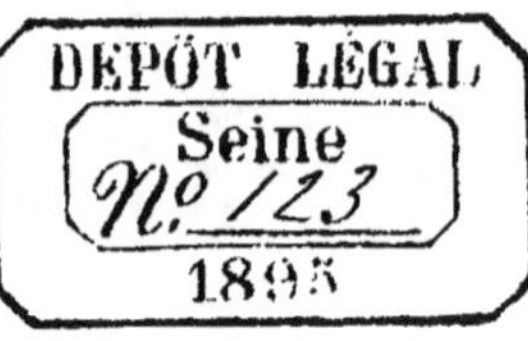

PARIS

A. HENNUYER, IMPRIMEUR-ÉDITEUR

47, RUE LAFFITTE, 47

1894

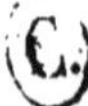

PLANTES ET BÊTES

INTRODUCTION

C'était un singulier homme que le docteur Magnus, mon voisin de campagne. Figurez-vous un grand vieillard au corps maigre et sec, serré et boutonné jusqu'au cou dans une longue redingote grise. Ce long corps était surmonté d'une grosse tête osseuse et jaune qu'on eût dite sculptée dans un morceau de vieil ivoire. Son front large et chauve, ses petits yeux gris scintillant dans l'ombre de deux épais sourcils blancs, son grand nez en bec d'aigle, surplombant une bouche largement fendue, tout cela lui donnait un air étrange, un aspect d'oiseau de proie.

C'était bien cependant le meilleur homme de la terre que le docteur Magnus ; toujours prêt à prodiguer ses soins, en cas de maladie, et ses conseils ou même sa bourse à ceux qui en avaient besoin, il était la providence du pays. Le hasard m'avait fait son voisin ; j'étais venu là, à la suite d'une longue maladie, pour me reposer et respirer à pleins poumons l'air pur de la Normandie.

Les premières fois que nous nous rencontrâmes, le

docteur et moi, je le saluai ; peu à peu son air de bonté
et de franchise me captiva et, le premier, je lui adressai
la parole. Huit jours à peine s'étaient écoulés que je le
suivais dans ses excursions botaniques, et qu'il devenait
mon professeur. De jour en jour j'appréciai davantage
les nobles qualités de cet excellent homme, et bientôt
nous devînmes les meilleurs amis du monde, autant que
le permettait du moins la grande disproportion d'âge
qui existait entre nous.

Le docteur Magnus était un véritable puits de science,
bien que lui-même parût l'ignorer. Il avait tout étudié,
tout vu par ses propres yeux, pendant ses longs voyages ;
car il avait parcouru la terre entière. Il avait laissé la
trace de ses pas dans les neiges du Spitzberg et dans les
sables brûlants du Sahara ; il avait erré dans les immenses
plaines herbeuses de l'Amérique et dans les jungles
touffus de l'Inde, et de chacune de ces contrées il avait
rapporté quelque objet curieux : arme, vêtement, bijou
ou peau de bête, qu'il avait attaché comme un trophée
aux murs de sa demeure.

Tous ces objets rares et étranges, qui tapissaient les
murs de son cabinet de travail, en faisaient, pour un
étranger, un véritable musée d'ethnologie ; mais, pour
le docteur, c'étaient autant de souvenirs vivants, d'hié-
roglyphes familiers, au moyen desquels il relisait sa
propre odyssée. Là, c'était le costume complet d'un chef
pawnie de l'Amérique du Nord, en peau de cerf wapiti,
tout brodé en piquants de porc-épic, et élégamment
frangé de chevelures scalpées, dont le chef lui-même
avait fait présent au docteur, en reconnaissance des

soins qu'il lui avait prodigués pendant une cruelle maladie. A côté brillait une parure en plumes de couleurs
éclatantes, qui lui avait été donnée par la reine des
Botocudos. Ici s'étalaient des pagnes en écorce de palmier,
ornés de dessins bizarres ; là des panoplies formées de
zagaies et de casse-tête en bois de fer, travaillés et
ciselés avec un art merveilleux. Puis, c'étaient des colliers
et des bracelets en griffes d'ours, en dents de carcajou
ou en coquillages ; des armes de toute espèce, depuis
l'informe massue en bois brut et la flèche en os du grossier Africain, jusqu'au kangiar ciselé et damasquiné de
l'Inde, jusqu'aux flèches barbelées et au criss empoisonné des Javanais. De tous côtés, des idoles grimaçantes et terribles. Des peaux de lion, de tigre, de jaguar,
d'ours blanc et noir, etc., servaient partout de tapis et
de tentures. Il y avait là de quoi enrichir dix magasins
de curiosités et d'histoire naturelle.

Un jour qu'ayant été faire ma visite accoutumée au
bon docteur, je regardais toutes ces dépouilles humaines
et animales, j'avisai dans un angle un petit cadre rond
en bois d'ébène, que je n'avais pas encore remarqué.
Ce cadre était recouvert d'une glace, et au milieu était
fixé, par une longue épingle qui lui traversait le corps,
un petit insecte à peine gros comme une mouche. Cet
insecte n'avait par lui-même rien de bien remarquable ;
sa tête était noire, surmontée de deux petites cornes ;
son corselet roux et ses ailes en étui ou élytres d'un bleu
clair. Mais au-dessous étaient écrits ces mots : *Nécrobie
de Latreille*, 13 *septembre* 1793.

J'allais demander le sens de cette inscription au docteur, lorsque, tournant la tête, je le vis qui me regardait en souriant comme s'il devinait la question que j'allais lui adresser.

— Ah! ah! vous regardez la nécrobie, n'est-ce pas? et vous vous demandez ce que fait là ce petit insecte, encadré et étiqueté avec tant de soin?

— Justement, répondis-je.

— Vous savez sans doute ce que signifie le mot *nécrobie?* me dit le docteur.

— Mais, si je ne suis pas trop brouillé avec les racines grecques, ce joli mot signifie une assez vilaine chose ; ne veut-il pas dire *qui vit sur les morts*, et n'indique-t-il pas que cet insecte, comme beaucoup d'autres, se repaît sur les cadavres ?

— Le mot peut, en effet, se traduire ainsi, dit le docteur ; mais ce n'est cependant pas là sa véritable signification, et l'insecte qui porte ce nom ne vit pas sur les cadavres, mais bien sur les fleurs. *Nécrobie* veut dire *la vie du mort ;* et le célèbre naturaliste Latreille lui a donné ce nom parce qu'il lui dut son salut.

— Ah ! cher docteur, m'écriai-je, vous piquez singulièrement la curiosité dont la nature m'a si largement doté, et s'il n'y avait pas trop d'indiscrétion à vous demander le récit de l'histoire que vous me faites pressentir... ?

— Nullement, dit l'excellent homme. Si, comme tous les jeunes gens, vous aimez à écouter les histoires, comme tous les vieillards, moi, j'aime à les raconter, asseyez-vous donc là, près de moi, sur cette peau de bison, et je vais satisfaire votre curiosité.

Le docteur Magnus.

Je m'installai aussitôt à la place qu'il m'indiquait, et, voyant que je lui prêtais toute mon attention, l'aimable vieillard commença en ces termes :

Ce récit se rattache aux années de ma jeunesse, et à une époque féconde en événements. C'était en 1793 ; j'avais vingt ans à peine, et j'étudiais la médecine à Bordeaux, sous les auspices du célèbre Barthez.

Les élèves des hôpitaux étaient parfois chargés de visiter les prisons, et il m'était échu en partage le séminaire, vaste bâtiment depuis longtemps abandonné et transformé en prison pour les besoins du moment. Dans l'une des salles basses étaient enfermés des prêtres réfractaires, c'est-à-dire qui avaient refusé le serment.

Parmi eux je remarquai un jeune prêtre à la figure douce et pensive, dans les yeux duquel se peignait une triste résignation mêlée de regrets. Pris de sympathie pour ce jeune homme, je lui adressais toujours quelque bonne parole. Un matin, je lui dis à voix basse :

— N'avez-vous donc aucun moyen d'échapper au triste sort qui vous attend ? Ne connaissez-vous personne qui puisse faire ouvrir devant vous les portes de la prison ? L'arrêt de déportation a été prononcé hier, et, avant huit jours, il recevra son exécution.

— Hélas ! me répondit-il en baissant la tête sur sa poitrine ; je n'ai aucun moyen d'y échapper, je ne connais personne.

Je lui serrai la main en silence et m'éloignai plein de tristesse, sentant que je ne pouvais rien faire pour lui.

Le lendemain, je me rendis à l'heure accoutumée à

la prison et, après avoir accompli ma visite avec le soin habituel, je m'approchai du jeune prêtre.

Celui-ci m'avait à peine regardé lorsque j'étais entré, tout absorbé qu'il était dans la contemplation d'un petit objet dont je n'avais pu d'abord distinguer la nature. Lorsque je m'approchai de lui, je vis qu'il tenait entre les doigts un petit insecte qu'il avait piqué sur un bout de bouchon, et je ne pus retenir un mouvement de surprise en voyant cet homme si occupé d'un insecte alors que sa vie était menacée.

— Cet insecte est donc bien précieux? lui dis-je.

— Il est fort rare, me répondit l'abbé, et ce serait une riche trouvaille pour un entomologiste.

— En ce cas, vous devriez me le donner, car je connáis un amateur de la ville qui s'occupe beaucoup d'histoire naturelle et possède une fort belle collection.

— Volontiers, me dit le jeune prêtre en me présentant l'insecte. Dites alors à votre ami que c'est une espèce nouvelle, et que vous le tenez de l'abbé Latreille, qui va mourir avant d'avoir pu terminer son ouvrage sur l'histoire naturelle des insectes. Peut-être connaîtra-t-il mon nom, car j'ai déjà publié quelques travaux.

Je sortis aussitôt, voyant dans cette circonstance singulière une lueur d'espoir d'être utile à mon nouvel ami.

Je m'empressai d'aller porter mon insecte chez Bory de Saint-Vincent, mon compagnon d'études et mon ami, qui, déjà à cette époque, s'occupait avec ardeur de l'étude des sciences naturelles, et dont la famille, hautement recommandable par les vertus, les talents et la bienfaisance de ses membres, jouissait d'un certain crédit.

Arrivé chez lui, je lui racontai l'histoire du jeune prêtre et lui dis combien il était digne d'intérêt. Il connaissait déjà l'abbé Latreille par ses travaux sur l'histoire des insectes et promit de faire tout ce qui serait humainement possible pour le tirer de la terrible situation où il se trouvait. Il n'y avait pas de temps à perdre, et il me quitta aussitôt pour commencer les démarches.

Mais, outre la difficulté d'obtenir l'élargissement d'un homme condamné, le temps pressait, car le jour du départ était déjà fixé.

Enfin l'heure fatale sonna sans qu'aucune nouvelle vînt me donner l'espoir de réussir à le sauver. Je courus au séminaire, et là, placé près de la porte, je vis les malheureux condamnés sortir deux à deux sous la conduite des gendarmes et se diriger vers le port, où les attendait le navire qui devait les jeter sur les côtes inhospitalières de la Guyane française....Enfin, l'un des derniers, je vis sortir l'abbé Latreille. Il marchait seul, la tête haute, et son regard inquiet errait à droite et à gauche sur la foule, me cherchant sans doute ; lorsqu'il m'aperçut, un triste sourire effleura ses lèvres. Ce sourire n'était pas amer, il ne m'accusait pas ; il semblait seulement vouloir me dire un dernier adieu et me remercier de mon impuissante sympathie.

Un dernier espoir me restait cependant : le vent était contraire, et le navire ne mettrait à la voile que le lendemain au plus tôt, peut-être même dans deux ou trois jours seulement. D'ici là il pouvait encore arriver quelque nouvelle favorable. Je me dirigeai en toute hâte vers la maison du citoyen Bory. Il était parti depuis plusieurs jours pour se rendre près de son oncle, homme très influent, qu'une indisposition légère retenait à la campagne à quelques lieues de Bordeaux, et on l'attendait d'un moment à l'autre. Je passai la soirée et une partie de la nuit à guetter le retour de mon ami, mais inutilement ; et, vaincu par la fatigue, je rentrai chez moi et me couchai.

Le lendemain je m'éveillai de bonne heure, et jetant les yeux sur une girouette qui tournait en grinçant sur le toit voisin, je vis que le vent changeait. Je m'habillai à la hâte et courus vers la demeure de Bory. En arrivant à la porte de la maison, je vis mon ami qui descendait lui-même de cheval.

— Bonnes nouvelles ! me dit-il en me serrant la main, bonnes nouvelles !

— Pour Dieu ! n'entre pas chez toi, lui dis-je ; les malheureux sont déjà embarqués, et le capitaine n'attend plus qu'un vent favorable pour lever l'ancre. Or le vent change en ce moment, et, dans une heure peut-être, il serait trop tard.

— Courons alors, me dit-il ; j'ai une lettre pressante de mon oncle pour le citoyen proconsul.

Nous nous rendîmes en toute hâte à la maison de ville, qu'habitait ce dernier, et, un quart d'heure après, Bory me remettait un ordre d'élargissement en règle.

Sans perdre un instant, je courus sur le port ; les hommes d'équipage faisaient les manœuvres pour lever l'ancre, et les malheureux condamnés, groupés sur le pont, et les yeux attachés sur la terre, semblaient dire un dernier adieu à leur patrie, comme si un secret pressentiment les avertissait qu'ils ne devaient plus la revoir.

Je me jetai dans une barque, en promettant aux rameurs une bonne récompense s'ils atteignaient le navire, et je m'efforçai en même temps, par des signaux répétés, de faire comprendre aux gens de l'équipage que j'étais porteur d'un ordre pour le capitaine. Ce fut un moment d'anxiété pour moi, et bien plus encore sans doute pour celui qui était l'objet de ma démarche, et qui, poussé par un dernier et vague espoir, regardait cette scène de dessus le pont du navire. Enfin j'aborde ; je m'accroche à l'échelle de corde que me lance un matelot, et quelques secondes après j'étais sur le pont, tendant d'une main l'ordre de la délivrance au capitaine, tandis que, de l'autre, je soutenais le pauvre abbé, qui, pâle et tremblant d'émotion, s'était laissé tomber dans mes bras en versant un torrent de larmes et sans pouvoir prononcer un seul mot. Comprenez-vous les sensations du condamné qui, sous l'horrible attente du coup fatal, entend tout à coup retentir à son oreille le cri de grâce?

— C'est bien, dit le capitaine après avoir lu avec attention l'ordre de relâchement ; le citoyen Latreille est libre de vous suivre.

Et, sans attendre davantage, j'entraînai, ou plutôt je portai l'abbé dans le canot, dont les rameurs, se courbant de nouveau sur leurs avirons, nous eurent bientôt mis à terre. Je glissai une pièce d'or dans la main du patron, et, passant mon bras sous celui de l'abbé, dont

les jambes tremblaient encore d'émotion, je l'entraînai
vivement, tandis qu'il balbutiait des paroles de gra-
titude.

— Venez, venez, l'abbé, lui répondis-je ; vous aurez
maintenant tout le loisir de nous remercier à votre aise ;
mais ne perdons pas de temps, on pourrait vous reconnaître et croire que vous vous êtes échappé.

L'abbé ne se le fit pas dire deux fois, et la peur lui
donnant des jambes, nous atteignîmes bientôt la maison
de notre généreux ami, qui nous attendait avec impa-
tience.

A peine entré, le pauvre abbé se laissa tomber dans
les bras de Bory et dans les miens, il nous embrassa
avec effusion et nous remercia dans les termes les plus
touchants.

Bory offrit l'hospitalité à l'abbé Latreille, en le priant
de se considérer comme chez lui, ajoutant qu'il serait
plus que payé de ses soins s'il voulait bien lui accorder
son amitié. Je vous laisse à penser si le bon abbé la lui
promit du fond du cœur.

Quelques jours après, nous étions tous les trois réunis
à table pour le déjeuner, lorsqu'un ami de Bory entra
et nous apprit que le navire sur lequel étaient les malheureux exilés avait sombré en vue de Cordouan, en-
gloutissant avec lui tout ce qu'il portait.

L'abbé Latreille partit bientôt pour l'Espagne. Il trouva
là des prêtres émigrés qui se chargèrent de lui procurer
les moyens de gagner honorablement sa vie. Quant à
moi, je partis pour l'Amérique.

Lorsque, vingt ans après, je revins en France, je retrouvai l'abbé Latreille parvenu à la position qui était si bien due à son mérite et à la noblesse de son caractère. Ses remarquables travaux lui avaient ouvert les portes de l'Institut, et il comptait, parmi ses plus beaux titres de gloire, d'être le collaborateur et l'ami du grand Cuvier.

Il avait conservé le petit insecte auquel il devait la vie ; c'est celui que vous voyez là et qu'il m'a laissé comme un souvenir de son amitié.

Tel était mon voisin, le docteur Magnus. Après avoir vécu près d'un an dans son intimité, je le quittai, non sans lui promettre de venir tous les ans passer quelques jours avec lui ; mais mes études, mes relations mondaines, les distractions de la vie parisienne, m'avaient fait bientôt oublier sinon mon excellent voisin, au moins ma promesse de l'aller voir.

A TRAVERS CHAMPS

EN ROUTE. — UNE VISITE AU DOCTEUR. — A TRAVERS CHAMPS.

L'HERBORISATION.

A TRAVERS CHAMPS

I

EN ROUTE.

Lorsque le soleil d'avril vient réveiller la nature longtemps engourdie par l'hiver, tout ce qui respire se ressent de sa douce influence ; les bourgeons des arbres gonflés de sève éclatent pour livrer passage aux jeunes feuilles ; les insectes fraîchement éclos font entendre leur bourdonnement ; les oiseaux lancent dans les airs leurs modulations harmonieuses ; le gazon se constelle de pâquerettes, et toutes ces merveilles, si vous avez le sentiment du beau, vous remplissent d'une douce ivresse.

Quant à moi, je ne puis résister à ces splendides invitations de la nature, et dès que je vois les arbres se couvrir de leur tendre feuillage nuancé de jaune et de vert, je me dis qu'il doit y avoir des fleurs dans les champs, des insectes dans la mousse, des papillons dans les airs, et, tout joyeux, je prends ma boîte à herboriser, ma canne et mon chapeau de paille, et je cours au milieu des champs. Souvent seul, je marche à l'aventure, parfois sans savoir mon chemin et ne m'en inquiétant pas autrement.

Cependant, ce jour-là, j'avais un but. C'était dans les premiers jours de mai, et, voulant utiliser tout un long mois de liberté, j'avais pris, au matin, le chemin de fer de l'Ouest, pour me rendre dans un petit village situé dans la vallée de Fécamp, où mon oncle vivait, retiré avec sa fille Émilie, charmante enfant de seize ans, qui avait eu le malheur de perdre fort jeune sa mère. Invité à y passer quelques semaines, j'avais saisi avec empressement cette occasion de revoir des parents pour lesquels j'éprouvais une vive affection, et de satisfaire en même temps mes goûts de vagabondage.

Arrivé en quelques heures à la station, je confiai mon modeste bagage au voiturier, résolu à me rendre à pied au village de mon oncle, distant au plus de 5 à 6 kilomètres. Je jetai donc sur mon dos la boîte en fer-blanc du botaniste, que j'avais emportée dans une vague intention d'herboriser, et me mis gaillardement en route.

Je jouis tout d'abord du coup d'œil enchanteur que présente la vallée de Fécamp. A ma droite, s'élevaient quelques belles fabriques entourées de riants jardins ; devant moi, une verte vallée creusée avec grâce entre de jolis coteaux boisés ; çà et là, dans le lointain, de petits villages surmontés de leurs longs clochers pointus étincelants de lumière. C'était un ravissant tableau. Cependant la température était, ce jour-là, exceptionnellement chaude. Pas le plus léger nuage ne voilait le soleil, dont les rayons brûlants tombaient à plomb sur ma tête. Il n'y avait d'ombre que sous

mes pieds, et bientôt je ressentis un certain accable-
ment. Aucune créature humaine ne se montrait,
aucun bruit ne se faisait entendre, et les oiseaux eux-
mêmes se taisaient, comme si nul être vivant n'osait
affronter cette chaleur torride, lorsqu'au détour d'un
sentier je vis, à quelques pas devant moi, un homme
qui cheminait lentement dans la même direction. Il
était de haute taille, et, malgré la chaleur, dont il ne
paraissait nullement incommodé, il se tenait droit
comme un peuplier. Sa tête était couverte d'un large
chapeau de paille, et son vêtement composé d'un
paletot de grosse toile marron et d'un large pantalon
de coutil gris. Il portait comme moi sur le dos la boîte
de fer-blanc, ce qui me fit aussitôt supposer que lui
aussi était un herboriseur.

Rien ne dispose à la bienveillance et à la politesse
comme la botanique. Il est bien difficile que deux
hommes, munis tous deux de la classique boîte
verte oblongue, se rencontrent sans se souhaiter au
moins le bonjour. Comme il marchait lentement, une
vague curiosité me fit presser le pas, et je l'eus bientôt atteint. Je m'inclinai légèrement de son côté en le
dépassant et soulevant mon chapeau. Il me rendit
mon salut, et lorsqu'il découvrit sa tête chauve, je
reconnus des traits qui m'étaient chers et resteront
toujours gravés dans ma mémoire. C'était le docteur
Magnus, mon ancien professeur ; celui à qui je devais
le peu que je savais et qui m'avait toujours traité en
ami.

— Que je suis heureux de vous rencontrer, lui

dis-je en lui tendant les mains ; béni soit ce jour, je
le marquerai d'une pierre blanche.

— Ah ! c'est vous, mon cher enfant, dit le docteur
en me serrant cordialement les mains ; je suis égale-

Une rencontre.

ment heureux de vous voir. Mais quel hasard favorable
a poussé vos pas de ce côté ?

Je lui dis alors le motif de ma présence, et il
m'apprit de son côté que, complètement retiré du
monde, il vivait en ermite dans une petite maison
qu'il avait achetée et qui était située sur le penchant
du coteau exposé au soleil levant.

— Je trouve ici, me dit-il, de quoi contenter tous

mes goûts : les bois sur la montagne, les prés dans la vallée, et, à quelques kilomètres, la mer avec ses sujets d'étude inépuisables.

Tout en causant, nous avions atteint les premières maisons d'un petit village situé à moitié chemin de celui où je me rendais.

— J'ai à faire halte ici un instant chez de braves gens, me dit le docteur ; voulez-vous entrer avec moi ? Vous pourrez vous reposer un moment et vous rafraîchir ; car, si j'en juge par votre visage coloré et votre front ruisselant, vous supportez difficilement ces premières chaleurs. Quant à moi, qui ai affronté les ardeurs du soleil tropical et l'aiguillon des glaces polaires, je supporte également le chaud et le froid.

En disant ces mots, il souleva le loquet d'une petite porte ouvrant dans un mur de clôture, et nous pénétrâmes dans une cour assez grande, circonscrite au fond par des hangars, à droite par des murailles blanches couvertes d'espaliers ; à gauche se dressait une petite maison dont les portes et les fenêtres étaient encadrées par de la vigne. Dans l'ombre, sur le seuil, jouaient des enfants qui, à la vue du docteur, jetèrent des cris de joie, se levèrent d'un bond et disparurent à l'intérieur en criant :

— Maman ! papa ! M. Magnus ! M. Magnus !...

Le père et la mère, des gens encore jeunes, se montrèrent presque aussitôt. Non moins enchantés que les enfants de la visite du docteur, ils lui firent une réception tout à fait cordiale. Peu après, nous étions assis dans une chambre du rez-de-chaussée devant une bouteille et des verres.

— Pas un jour ne passait que nous ne causions de vous, disait la femme, et nous étions bien impatients de vous revoir. Sans vous, monsieur, notre François, dont la coqueluche résistait à tous les remèdes et nous inquiétait si fort, sans vous, notre pauvre enfant ne serait peut-être plus de ce monde. Nous lui avons fait prendre les paquets de poudre que vous nous avez laissés, la maladie a complètement disparu au bout de quelques jours.

— Oui, dit le docteur en se tournant de mon côté; l'efficacité des feuilles en poudre de la belladone n'est pas contestable dans ce genre de maladie. C'est un vieux remède tombé dans le plus complet oubli, on ne sait pourquoi, car, comme vous voyez, il guérit toujours. Mais je ne vois pas la mère, ajouta-t-il; il ne lui est pas arrivé d'accident?

— Oh! la mère! dit à son tour le jardinier, elle rajeunit; son asthme, grâce à vous, monsieur, ne la fait plus que rarement souffrir, et ses soixante-quinze ans ne l'empêchent pas de trotter comme une jeune fille. Elle est de l'autre côté de la vallée, à Cerny, et si vous voulez nous faire le plaisir de partager notre dîner, vous l'entendrez elle-même vous dire qu'elle bénit chaque jour le ciel de vous avoir rencontré.

Le docteur déclina l'invitation, en disant qu'il avait encore quelques courses à faire, et nous vidâmes notre verre à la santé de la grand'mère. Il distribua quelques dragées aux enfants, les embrassa; puis se leva, accompagné de ces braves gens, qui ne savaient comment lui marquer leur reconnaissance. Nous gagnâmes la porte pour reprendre notre chemin.

— On ne peut pas contester, me dit le docteur, que l'art de guérir ne repose presque entièrement sur notre flore médicinale indigène. Nos plantes peuvent remplacer presque toutes les drogues exotiques, qui, venant de loin, coûtent fort cher; qui, coûtant fort cher, sont généralement frelatées, et qui, par cela même, offrent souvent moins de sûreté que l'emploi d'une simple plante du voisinage, que l'on peut se procurer facilement au moment du besoin. Les hommes, pour la plupart, estiment les choses en raison de la difficulté qu'on a pour les obtenir; un meuble, une étoffe, un objet d'art étrangers ont d'autant plus de prix aux yeux des amateurs qu'il est plus difficile de se les procurer. On n'a pas raisonné autrement à l'égard des médicaments.

— Nul n'est prophète en son pays, dis-je en riant.

— C'est la vérité, reprit le docteur; on montre une prédilection singulière pour les drogues qu'on nous apporte à grands frais de l'Inde, de l'Amérique, de l'Arabie, et le plus profond dédain pour les médicaments simples et peu coûteux. Chose étrange! nous connaissons tous le quinquina, l'ipécacuanha, le jalap, le gaïac, le séné, et chaque jour nous foulons aux pieds, sans même connaître leurs noms, les plantes les plus utiles, les plus abondamment répandues partout, celles mêmes qui habitent jusque sur le seuil de nos demeures. Beaucoup de ces plantes

acquerraient un prix élevé aux yeux des médecins
et de leurs clients, si elles croissaient sur les montagnes des Cordillères ou dans les forêts de l'Inde.

La nature a prodigué dans notre heureuse patrie
une aussi riche moisson de plantes médicamenteuses
que partout ailleurs, et il est peu de remèdes étrangers que l'on ne puisse remplacer convenablement
par les plantes indigènes. Les simples guérissaient
nos pères, et je ne sache pas qu'ils aient perdu leurs
vertus. Le paysan se défie du médecin et des drogues
du pharmacien ; il donne la préférence aux remèdes
du voisin ou du guérisseur de village, qui coûtent
moins cher. Ne leur dites jamais que je suis médecin ;
ils n'auraient plus confiance en moi, et vous m'ôteriez
ainsi le pouvoir de leur faire du bien.

Ces dernières paroles, dites sérieusement, caracté-
risaient bien cet excellent homme, qui, loin de faire
parade de ses vastes connaissances, cachait sa
science, afin de pouvoir être plus utile à ses semblables.

— Voyez que de richesses, continua le docteur :
voilà la sauge aromatique, dont les vertus toniques
rendent l'énergie aux estomacs débiles et calment les
affections nerveuses ; les pâles véroniques, aux fleurs
bleues en épi, employées contre les irritations de
poitrine ; la valériane, souveraine contre les maladies
nerveuses et les fièvres intermittentes ; l'épine-vinette,
aux belles grappes pendantes jaunes, dont le fruit
rouge, acide, est excellent dans les fièvres inflammatoires et l'angine ; le gléchome ou lierre terrestre,

reconnaissable à sa tige carrée et à ses petites fleurs, plante toute bienfaisante et très efficace contre les affections de poitrine. Voici encore la potentille printanière, à fleurs jaunes, et sœur du fraisier, employée autrefois pour fabriquer une eau de beauté et recommandée aujourd'hui contre les fièvres intermittentes et l'anémie ; la pensée sauvage, dont la racine est émétique ; la pulsatile ou coquelourde, employée contre les maladies dartreuses ; la moutarde des champs, excellent révulsif et antiscorbutique ; le sureau, si populaire comme sudorifique ; l'armoise, aux feuilles finement découpées et aux grands capitules de fleurs jaunes, dont les propriétés sont toniques et antispasmodiques ; l'oxalide ou alleluia, qui doit à la saveur acide de ses feuilles ses vertus rafraîchissantes et tempérantes ; puis encore le vélar, la douce-amère, la pervenche, et cent autres que je pourrais vous nommer ici, si je ne craignais de vous fatiguer.

Et comme chacune de ces fleurs a son heure d'épanouissement et sa place d'élection ! Comme chacune donne sa note dans ce ravissant concert des yeux ! L'aubépine embaume de ses bouquets blancs le contour de la haie, tandis que l'épine-vinette y suspend ses grappes jaunes ; la violette dissémine dans les bois sa corolle améthyste ; la marguerite constelle la prairie de ses petits soleils aux rayons argentés ; l'ancolie pose au buisson sa fleur bleue ; l'éclaire, sur les décombres, sa fleur jaune ; la giroflée, sur les murs, sa corolle orangée. Tandis que le

lychnis festonne d'étoiles blanches les sentiers, le
mouron distribue dans les champs sa petite fleur
rouge ; le fraisier dans les bois, sa fleur blanche ;
la campanule, sur la haie, sa blanche clochette vei-
née de rose ; le nénuphar, à la surface des eaux,
sa belle coupe jaune. Pas un point n'est oublié ; la
forêt couvre la montagne de sa verte chevelure ; la
mousse étend sur les rochers son velours verdoyant.

A quelques pas de là, la route bifurquait ; le chemin du docteur était à droite, le mien tournait à
gauche. Je pris alors congé de lui, en promettant
d'aller le voir le lendemain dans son ermitage.

J'arrivai chez mon oncle vers une heure et demie,
c'est-à-dire environ deux heures plus tard que je n'é-
tais attendu. De guerre lasse, on avait déjeuné sans
moi.

— Eh bien ! paresseux, me dit mon oncle avec
bonhomie, tu as donc manqué le train ?

Quant à ma cousine, elle me regardait avec une
petite moue qu'elle s'efforçait en vain de faire paraître
méchante.

— Non, mon oncle, dis-je, je n'ai pas manqué le
train. J'ai rencontré le docteur Magnus, et, en le
quittant, je me suis trompé de chemin.

— Oh ! mais je le connais, votre docteur Magnus,
dit ma cousine d'un air malicieux. C'est un grand
corps maigre, serré et boutonné dans sa redingote
comme un parapluie dans son fourreau. Ses petits
yeux gris, son grand nez et sa bouche largement
fendue, qui laisse voir, lorsqu'elle s'entr'ouvre, des

dents longues à faire peur aux petits enfants, tout cela lui donne un air de croquemitaine.

— Oh ! ma cousine, dis-je d'un air affligé, comment pouvez-vous tourner en ridicule un homme aussi bon et aussi digne de respect que le docteur ! Non seulement il est l'ami de tous les enfants, à qui ses grandes dents ne font nullement peur, mais il est encore la providence de leurs parents, qu'il aide de ses conseils et souvent de sa bourse. Si vous le connaissiez mieux, vous n'auriez jamais songé à exercer votre malice à ses dépens.

— Mais, mon cousin, me répondit-elle un peu interdite, croyez bien que je n'ai pas eu l'intention de vous blesser dans vos affections, et que si j'ai parlé un peu légèrement du bon docteur, je n'en ai pas moins la plus grande vénération pour cet excellent homme dont on ne dit que du bien.

— Allons, allons, dit mon oncle ; tu prends trop au sérieux les plaisanteries de cette petite écervelée. Cela te fait honneur, du reste, et j'aime à voir que tu as conservé pour ton vieux professeur l'affection et le respect que tu lui dois. Vous irez le voir demain ensemble.

— Vous ne m'en voulez plus, mon cousin ? dit Émilie en s'avançant vers moi et me tendant sa petite main.

— Certainement non, lui dis-je en souriant ; et en voici la preuve, ajoutai-je en l'embrassant.

— A la bonne heure, dit-elle. Eh bien ! venez avec moi voir mes fleurs et mon poulailler.

II

UNE VISITE AU DOCTEUR.

Le lendemain, après le déjeuner, mon oncle, que ses affaires appelaient à la ville, nous quitta pour prendre le chemin de fer, et nous partîmes de notre côté, Émilie et moi, d'un pied léger, pour aller rendre visite au docteur. Il faisait un temps superbe ; en causant gaiement et en cueillant des fleurs, nous arrivâmes bientôt au but de notre promenade.

Devant nous s'élevait la maison du savant, dominant suffisamment la vallée pour qu'on pût y jouir d'une vue charmante. Le docteur était assis sur un tertre de gazon à quelques pas de sa maison ; il se leva à notre approche, salua ma cousine que je lui présentai, et me tendit la main.

— J'admirais, pour la millième fois, ce site, lorsque vous êtes arrivés, nous dit-il ; voyez donc quel ravissant tableau ! Comme cette riche verdure des champs, inondée de lumière, contraste harmonieusement avec les grandes ombres que projettent les massifs boisés des coteaux. Qu'il est bon d'aspirer ces douces senteurs des prés et des bois et d'entendre tous ces chants d'oiseaux ! N'est-ce pas là un ravissant concert ? Que la nature est admirable ! Tout y est grand, tout y est beau, tout y parle à l'âme, et le moindre brin de mousse, aussi bien que l'immensité des cieux, fait éclater la puissance et la bonté de Celui qui a donné à chaque être, animal ou végétal, l'intelligence nécessaire pour se guider dans les actes propres à assurer son bien-être et à conserver la place qu'il lui a réservé ici-bas.

— Admettriez-vous donc, dis-je que les plantes puissent avoir de l'intelligence ou même des instincts?

— Et pourquoi n'en auraient-elles pas? dit le docteur. Les organes des plantes, comme ceux des animaux, se développent peu à peu par l'âge et la nourriture. Mais il y a en eux autre chose que des organes, il y a une force vitale qui les pousse au dedans, les dispose aux actes que nous leur voyons accomplir; et cette force, de quelque nom que vous l'appeliez, instinct ou intelligence, c'est le souffle divin dont le Créateur a animé tous les êtres. Sans doute, cette intelligence est de nature différente suivant les êtres; elle est d'autant plus parfaite que l'organisation est elle-même plus perfectionnée. Mais, pour être moindre que la nôtre, cette intelligence n'en existe pas moins chez tous les êtres vivants. Or, si les animaux vivent, les plantes vivent aussi. Il existe même de telles analogies entre les fonctions vitales des plantes et celles des animaux, on a constaté chez elles des phénomènes si extraordinaires, qu'on ne peut leur refuser des instincts particuliers et une certaine liberté d'action.

— Mais, dit Émilie, qui pensait faire au docteur une objection sérieuse, les plantes n'ont pas, comme les animaux, la faculté de se mouvoir, de manger, de respirer ; il leur manque cet instinct qui fait préférer aux bêtes ce qui leur est utile à ce qui peut leur nuire.

. — Pardonnez-moi, mademoiselle, dit le docteur en souriant, les plantes ont tout cela et bien d'autres choses encore. Et si vous voulez bien me prêter quelques minutes d'attention, je vous en donnerai des preuves. La plante croît comme l'animal ; comme lui, elle reçoit du dehors l'aliment qui la fait croître ; comme lui, elle respire et se multiplie ; la graine est à la plante ce que l'œuf est à l'oiseau. Lorsque vous voyez un animal faire des efforts, soit pour se procurer des aliments, soit pour se soustraire à des influences nuisibles, vous admettez sans difficulté que ce sont là des actes volontaires, parce que vous le voyez se mouvoir vers l'objet qu'il convoite ou manifester ses désirs et ses besoins d'une manière apparente ; la plante, au contraire, vous paraît immobile, et vous êtes naturellement peu disposée à reconnaître en elle les manifestations d'un être animé. Cependant, un examen plus attentif nous fera bientôt voir que cette faculté de se mouvoir et de changer de lieu n'appartient pas à tous les animaux ; les huîtres, les polypiers et d'autres meurent là où ils naissent, et certaines plantes possèdent même cette faculté à un degré plus élevé que ces animaux.

Si les plantes ne peuvent se mouvoir comme les animaux supérieurs à la surface de la terre, elles savent parfaitement diriger leurs membres, c'est-à-dire leurs racines et leurs branches, vers le point le plus favorable à leur développement. Pour se nourrir à sa convenance, la plante détourne ses racines d'un obstacle ou d'une veine de mauvais terrain pour aller chercher la bonne terre. Ses racines se divisent, se multiplient, et vont même jusqu'à changer de forme pour procurer de la nourriture à la plante. Je puis vous en donner un exemple ici même.

Tenez, voyez-vous ce frêne qui s'élève à quelques mètres à droite du mur de mon jardin ? Le hasard l'a fait pousser dans un terrain sec, dur et graveleux, où il avait toutes les peines du monde à vivre. Lorsque je vins m'établir ici, je fis défoncer profondément le sol de mon jardin, je l'amendai largement et le rendis aussi bon que possible pour la culture des plantes. Mon voisin le frêne, qui avait été jusqu'alors rabougri et souffreteux, commença bientôt à se redresser; il devint plus vert, plus touffu, et prit bientôt un air de santé qui me réjouit le cœur. Je ne compris pas d'abord la cause de ce changement; mais j'en eus bientôt l'explication. Les plantes placées de ce côté du mur languissaient, malgré les soins et l'eau que je leur prodiguais, et lorsque, voulant savoir pourquoi, j'en déplantai quelques-unes, je vis qu'une énorme racine affamait les petits végétaux voisins. Aussitôt qu'il avait senti à sa portée un sol riche et fécond, l'arbre indigent avait dirigé ses racines avec effort vers cette terre promise ; celles-ci, arrêtées un moment par les fondations du mur de clôture, avaient tourné la difficulté en passant par-dessous, et, remontant de l'autre côté, elles avaient étalé autour d'elles leur chevelu, pour mieux absorber par leurs innombrables radicelles les sucs nutritifs.

— Cela est en effet bien singulier, dit Émilie.

Bouleau sur un rocher.

— Eh bien, voici un fait encore plus singulier, dit le docteur, et qui prouve que non seulement les plantes savent diriger leurs racines à la recherche de leurs aliments, mais que, dans certains cas, elles peuvent même se déplacer entièrement. Ayant remarqué, dans la forêt de Fontainebleau, un jeune bouleau qui avait pris racine dans une crevasse de rocher, je voulus savoir ce qu'il deviendrait, et s'il pourrait vivre dans des circonstances aussi défavorables. J'y retournai l'année suivante, et je vis avec étonnement que l'arbre, soit qu'il se trouvât trop à l'étroit dans cette crevasse, soit que plutôt il y manquât de nourriture, avait fait descendre le long du rocher une forte racine qu'il avait solidement fixée dans la terre au-dessous. L'année d'après, j'y retournai encore, et je vis que le bouleau avait détaché peu à peu ses autres racines du rocher où il avait vécu jusque-là, et s'en était séparé en se redressant en partie sur la nouvelle racine, pour vivre désormais dans le sol où il s'était transporté par ses propres efforts. Pour se transplanter ainsi, il avait descendu un rocher de près de dix pieds et s'était installé à cinq ou six du lieu où il s'élevait jadis. Le botaniste anglais Murray a observé un fait semblable chez un érable. Ces faits ne semblent-ils pas prouver que non seulement les végétaux jouissent, jusqu'à un certain point, de la faculté de changer de place, mais encore qu'ils sont doués d'un instinct particulier qui leur permet de reconnaître la bonne terre et d'y diriger leurs racines ?

— Voilà des choses dont je ne me serais jamais doutée, dit Émilie, qui paraissait vivement intéressée à la conversation du docteur.

— La plante, continua le docteur, a besoin, pour vivre, d'air et de lumière, comme l'animal ; comme lui, elle respire. Tandis que ses racines tendent invinciblement à se diriger vers la terre et semblent rechercher l'obscurité, ses tiges, au contraire, s'élèvent constamment et recherchent avidement l'air et la lumière nécessaires à leur développement. On les voit faire des efforts aussi énergiques pour surmonter les obstacles qui leur dérobent ces deux éléments, que la racine en fait pour trouver un sol favorable. Les plantes que le hasard de leur naissance oblige à vivre dans l'obscurité, s'efforcent d'échapper à la fatale condition qui les oppresse. On les voit, quoique vivant encore d'une vie factice et languissante, s'étendre en longues tiges étiolées, serpenter à droite et à gauche avec une inquiétude en quelque sorte fiévreuse jusqu'à ce qu'elles atteignent enfin le rayon de lumière qui doit leur donner la vigueur qui leur manque. N'avez-vous pas vu souvent des pommes de terre, déposées dans une cave, germer et s'allonger de plusieurs mètres au-dessus du sol pour atteindre l'unique soupirail par lequel pénètre la lumière? Toutes les plantes, comme vous pourrez le remarquer, dirigent leurs feuilles vers la lumière, la face supérieure tournée vers le ciel. C'est par les milliers de petites bouches ou pores dont est munie la feuille que la plante respire. Si vous changez la position des feuilles, et que vous leur imposiez une direction contraire à celle qu'elles occupaient naturellement, en tordant le pétiole ou la queue de ces feuilles, de manière que la face supérieure regarde la terre et l'inférieure le ciel, vous verrez bientôt toutes ces feuilles se mettre en mouvement et tourner sur leur pétiole comme sur un pivot pour reprendre leur position première.

— Mais n'est-ce pas plutôt l'élasticité des fibres

du pétiole qui, en reprenant leur position, fait retourner les feuilles? dis-je au docteur.

— Non certes, répondit-il, et vous pouvez vous en assurer en tordant une branche sans toucher aux feuilles et en la fixant de façon qu'elle ne bouge pas : vous verrez alors toutes les feuilles tordre d'elles-mêmes leur pétiole avec effort pour retourner leur face supérieure vers le ciel. C'est que la lumière, comme l'air, est absolument nécessaire à la respiration des plantes ; et il en découle, comme vous allez voir, une des plus admirables harmonies de la nature.

— L'air atmosphérique, au milieu duquel nous vivons, est composé de deux gaz bien différents ; l'un, à peu près inerte et sans influence appréciable sur les phénomènes de la vie, se nomme *azote* ; l'autre, au contraire, possède les propriétés les plus actives et joue le premier rôle dans l'entretien de la vie sur le globe ; c'est l'*oxygène*. C'est par leur combinaison avec l'oxygène que les corps brûlent, et ce gaz est même tellement énergique, qu'une tige de fer, à l'extrémité de laquelle est fixé un morceau d'amadou enflammé, plongée dans un flacon rempli de ce gaz, y brûlera comme une allumette. Quant à l'azote, c'est, comme nous l'avons dit, un gaz inerte, et il semble ne servir qu'à tempérer la trop grande énergie de l'oxygène, à peu près comme on met de l'eau dans le vin pour empêcher celui-ci de causer l'ivresse.

Mais ce n'est pas seulement à la combustion que l'air est indispensable, il l'est encore à la respiration des animaux et des végétaux, et, de même que dans la combustion, l'oxygène seul y joue un rôle actif. Tous les corps organisés sont, en grande partie, composés de charbon et d'eau, et, lorsqu'ils brûlent, on croit, au premier abord, qu'ils s'anéantissent. Mais rien ne s'anéantit dans la nature ; le charbon qui brûle ne fait que se transformer en un gaz qui se mêle à l'air, et lorsqu'on recueille le gaz, la chimie y retrouve à la fois tout le charbon qui a été brûlé et tout l'oxygène qui s'est uni au charbon pour former ce gaz, auquel on a donné le nom d'*acide carbonique*, et qui est un véritable poison pour les animaux. Le pain, la chair, les légumes, les fruits, tous nos aliments en un mot, peuvent être brûlés de même, et l'illustre Lavoisier nous a appris que la substance de ces aliments éprouve une combustion véritable, mais lente, dans les organes respiratoires des animaux qui les mangent. Le sang, que renouvellent sans cesse nos aliments, va déposer dans tous nos organes les matériaux propres à les consolider, et, à son retour, il emporte avec lui les matériaux qui ont déjà vécu et que le temps a détériorés. Ces particules vieillies sont composées essentiellement de charbon ; elles rendent noir et boueux le sang qui les charrie, et il faut nécessairement qu'il s'en débarrasse. Pour cela faire, il les verse dans les poumons, qui, à chaque respiration, se gonflent d'air. L'oxygène s'y combine avec les matières charbonneuses, les brûle et les transforme en gaz carbonique, que nous rejetons par l'expiration. L'oxygène est donc indispensable à la vie, comme à la combustion.

— Mais, dit Émilie, qui décidément avait du goût pour l'objection, si, par le fait de la respiration des hommes et de tous les animaux qui sont sur la terre, l'oxygène est constamment changé en gaz carbonique, l'air doit peu à peu s'altérer, et il arrivera un moment où l'atmosphère tout entière sera viciée, et alors nous mourrons tous asphyxiés.

— Vous avez raison, ma chère enfant, et c'est en effet ce qui arriverait si le Créateur n'y avait pourvu. Il a placé dans le voisinage de l'homme et des animaux d'autres êtres qui se font un aliment de ce qui est un poison pour nous. Ces êtres sont les plantes. L'air chargé de gaz carbonique n'est plus propre à notre respiration, mais il le devient pour celle des plantes. Leurs feuilles absorbent le gaz carbonique par les mille petites bouches dont leur épiderme est criblé; elles décomposent rapidement ce gaz, gardent pour elles le charbon qui s'ajoute à leur substance, puis elles rejettent dans l'air l'oxygène, et rétablissent ainsi les proportions que les animaux avaient détruites en respirant. Les végétaux travaillent donc au bien-être des animaux, en rendant l'air atmosphérique propre à leur respiration, et les animaux à leur tour coopèrent au développement des végétaux, en exhalant dans l'atmosphère le gaz carbonique dont ces derniers sont avides ; équilibre merveilleux qui assure dans les deux règnes la vie des individus. Les feuilles et les parties vertes des végétaux, sous l'influence de la lumière, décomposent donc l'acide carbonique en charbon qu'elles absorbent, et en oxygène qu'elles rendent à l'atmosphère. Mais à l'obscurité et pendant la nuit, leur rôle change ; loin d'absorber l'acide carbonique, elles en exhalent. C'est pourquoi les plantes sont dangereuses dans un appartement clos pendant la nuit, puisqu'elles contribuent à vicier l'air au lieu de le purifier.

— Voilà des phénomènes admirables, dit Émilie ; mais il me vient un doute, ou plutôt une crainte. Cet échange merveilleux entre les animaux et les plantes s'explique très bien pendant la saison des feuilles ; mais quand l'hiver sera venu arrêter la végétation, l'échange n'aura plus lieu, et l'air, constamment vicié par les animaux, ne pourra être épuré par les végétaux privés de feuilles.

— Très bien, dit le docteur ; j'aime à voir en vous cet esprit d'investigation qui cherche toujours le pourquoi des choses. Mais rassurez-vous, l'air ne sera pas plus privé d'oxygène pendant l'hiver, dans nos climats, qu'il ne l'est pendant l'été. En effet, lorsque notre végétation dort, celle des pays de l'autre hémisphère où règne l'été, et surtout celle si luxuriante des contrées tropicales, travaillent pour nous, et les vents réguliers, qui agitent l'atmosphère, se chargent de rendre à l'air que nous respirons l'oxygène consommé par les animaux. Les chimistes ont analysé l'air sur tous les points du globe, et partout ils lui ont trouvé la même composition dans toutes les saisons.

Mais il existe à quelques pas d'ici, poursuivit le

docteur, un petit étang, qui nous offrira des objets tout à fait dignes de notre attention. Si vous voulez bien m'y accompagner, je continuerai, tout en marchant, à vous parler de la vie des plantes comparée à celle des animaux. Vous savez que les animaux ont un appareil de circulation composé de nombreux vaisseaux, ramifiés à l'infini, comme un grand arbre, et à travers lesquels le sang porte sur tous les points du corps la chaleur et la vie. Les végétaux ont aussi une circulation, et, chez eux, la sève remplace le sang. La plante absorbe, par l'extrémité de ses racines plongées dans le sol, l'eau dont celui-ci se trouve imprégné. Cette eau pénètre dans la plante, monte dans la tige par d'innombrables vaisseaux, dissolvant sur son passage les matériaux qui s'y trouvent accumulés; elle s'épaissit de plus en plus, monte jusque dans les jeunes rameaux et s'infiltre dans les feuilles. Arrivée là, elle se trouve en rapport avec l'air, qui pénètre par les milliers de pores dont sont percées les feuilles, y subit d'importantes modifications et redescend, à travers l'écorce, vers les racines. Les végétaux ont donc, comme les animaux, une circulation complète.

L'eau est, comme l'air, formée de deux gaz, l'oxygène et l'hydrogène, et la plante, agissant sur l'eau comme sur l'acide carbonique, la décompose pour s'emparer de son hydrogène et mettre l'oxygène en liberté. Le charbon fourni aux feuilles par l'atmosphère et l'eau puisée dans le sol par les racines se rencontrent, se combinent dans diverses proportions, pour donner naissance à la cellulose, qui constitue

les vaisseaux et le squelette de la plante, à la fécule
ou au sucre que renferment les fruits, à tous les pro-
duits, enfin, que contiennent les plantes. N'est-il pas
admirable de voir la simplicité des moyens employés
par la nature pour produire des phénomènes aussi
multiples et aussi merveilleux, et cela ne nous montre-
t-il pas combien l'homme, avec toute sa science et
son orgueil, est petit devant la puissance créatrice ?
Ainsi, c'est avec trois simples substances, trois gaz
combinés dans des rapports indéfiniment variables,
que sont formés les corps les plus nombreux et les
plus différents : le bois, l'amidon, le sucre, des huiles,
de la cire, des baumes, des essences agréables à
l'odorat et des matières infectes, des fruits savoureux
et des poisons violents, des matières colorantes et,
en général, des substances dont la variété infinie
dépasse tout ce que peut rêver l'imagination.

Donc, le charbon, l'air et l'eau sont les ingrédients
qu'emploient les plantes pour faire leur cuisine, et
chacune fait la sienne ; c'est la règle. Cependant,
toute règle a ses exceptions, même dans la nature,
et il y a des plantes qui, trop paresseuses, sans doute,
pour préparer elles-mêmes leurs aliments, s'im-
plantent dans le tissu des autres végétaux, dont elles
s'approprient les sucs tout élaborés, de même que la
sangsue suce le sang de l'animal auquel elle s'attache.

— Tenez, voyez-vous sur ce vieux frêne cette belle
touffe ronde d'un vert doré, qui contraste par son
air jeune et vigoureux avec l'aspect décrépit et lépreux
de la branche où elle a élu son domicile ?

— Oui ; n'est-ce pas du gui ? dit Émilie.

— C'est bien du gui, dit le docteur, plante célèbre, comme vous le savez, par le rôle qu'elle jouait dans le culte de nos pères. Le gui qui croît sur nos chênes était particulièrement recherché des prêtres gaulois, parce que le chêne lui-même était un arbre consacré. Mais cette plante se trouve très rarement sur le chêne ; tandis qu'elle est assez commune sur le pommier, le frêne, le peuplier et l'acacia.

Le gui. — Son fruit.

— Mon cher Paul, me dit le docteur, vous qui êtes jeune, faites comme le druide ; montez sur l'arbre et coupez-nous quelques branches de gui, en faisant la section, autant que possible, au niveau du bois, où les fibres du parasite s'enchevêtrent avec celles de l'arbre.

J'exécutai aussitôt le désir du docteur, et, en quelques bonds, j'atteignis la grosse branche de l'arbre, au niveau de laquelle je coupai la tige d'une grosse touffe de gui que je jetai à terre.

— Bravo ! vous grimpez comme un chat. Voilà qui est fait. Eh bien, remarquez d'abord que la section de la tige, qui forme une sorte d'empâtement en cet endroit, présente, dans les rayons et les cercles qui s'y trouvent naturellement dessinés, une image du soleil, et c'est à cela, sans doute, qu'il devait la vénération dont il était l'objet. Comme vous le voyez, la tige est ramifiée, et chaque rameau porte deux feuilles opposées, étroites et longues. Au mois de mars ou d'avril poussent dans l'aisselle de ces feuilles de petits bouquets de fleurs jaunes, donnant naissance aux fruits que vous voyez ici, et qui ressemblent à de petites groseilles blanches. Écrasez un de ces fruits entre vos doigts, vous le trouverez rempli d'un suc très visqueux, au milieu duquel se trouve une graine aplatie, de forme triangulaire et d'un blanc argentin. Elle germe en poussant deux radicelles vertes ; c'est par là que le parasite s'insinue sous l'écorce et fait pénétrer ses suçoirs jusqu'à l'aubier dont il absorbe la sève. Les grives et les merles sont, dit-on, très friands de la baie du gui, dont ils rendent la graine intacte ; et c'est à ces oiseaux que serait due en grande partie la propagation de la plante.

Mais, laissons là le gui pour un autre parasite que j'aperçois là devant nous, et qui va nous montrer des phénomènes singuliers. Voyez-vous ces espèces de crins qui s'enroulent autour des tiges de cette jolie petite bruyère ? Ils l'enserrent dans leurs plis, comme fait un serpent boa de sa proie. Remarquez que ces tiges, en forme de crin, portent çà et là de petites écailles qui représentent des feuilles. Cette plante est la cuscute. Vous savez que les plantes grimpantes, telles que le lierre, le liseron, la vigne vierge, etc., s'enroulent indistinctement autour de tous les corps qui peuvent leur offrir un appui ; mais il n'en est pas de même de la cuscute, celle-ci ne cherche pas un appui, elle cherche une proie, et elle ne s'enroule qu'autour des plantes dont les sucs peuvent la nourrir. Si vous placez auprès d'une cuscute un bâton, une tige morte, elle passera à côté sans y toucher ; mais si elle trouve à sa portée un pied de luzerne, de thym, de genêt, de lin ou de bruyère, qu'elle affectionne particulièrement, elle s'y cramponnera aussitôt. Tandis que toutes les plantes grimpantes restent enracinées dans la terre où elles naissent et continuent à y puiser leur nourriture, la cuscute, au contraire, après avoir germé dans la terre, s'en détache en

La cuscute sur une tige de lin.

grandissant, et laisse dépérir les premières racines qu'elle y avait jetées. Elle puisera désormais sa nourriture dans la sève même du végétal qu'elle aura enlacé, et dans le sein duquel elle fait pénétrer, à cet effet, une infinité de petits suçoirs ou racines, à mesure qu'elle grandit. Au moyen de ces suçoirs, elle se repaît de ses sucs, l'épuise et l'étouffe. Puis, lorsque la plante en meurt, la cuscute, ingrate et vorace, comme tous les parasites, fait avancer l'extrémité de sa tige à la recherche d'une nouvelle proie dont la sève puisse lui fournir une abondante nourriture. Comme elle s'étend très rapidement, un seul de ses pieds peut, en quelques semaines, faire périr la végétation qui l'environne dans un rayon d'un mètre tout autour de son point de départ. L'espace qu'elle a parcouru devient stérile et semblable à l'aire ensanglantée d'une bête féroce ; elle ne laisse autour d'elle que cadavres mutilés, que débris et solitude.

Je vous ai fait voir, poursuivit le docteur, des parasites et des vampires parmi les plantes, et je vais vous montrer maintenant des plantes-ogres, de véritables ogres mangeant de la chair fraîche.

— Sommes-nous donc au pays des fées? demanda Émilie en riant.

— Je sais où les trouver, dit le docteur, et vous allez en juger par vous-mêmes. Voilà déjà que se montrent à nos yeux les plantes spéciales aux terrains humides, qui nous annoncent que nous ne sommes pas loin du bord des eaux. Voici la potentille rampante à fleurs jaunes, qui a de grandes analogies avec le fraisier, les véroniques aux petites fleurs d'azur, la renouée ou persicaire, qui porte un épi de fleurs roses et dont les feuilles, semblables à celles du pêcher, sont astringentes et vulnéraires. Voici la grande consoude, la menthe des marais, et bien d'autres encore qu'il serait trop long de vous énumérer ici. Mais voici justement une de nos ogresses.

Voyez-vous cette jolie petite plante, dont les feuilles d'une texture molle et charnue s'étalent en rosette

sur la mousse? C'est la grassette; ce nom lui vient
sans doute de la consistance charnue de ses feuilles.
Du milieu de cette rosette de feuilles s'élèvent deux
longues hampes droites, dont chacune porte une fleur
assez semblable à la violette. Remarquez bien les

Grassette.

feuilles, leur surface est humide et comme onctueuse,
et leurs bords sont légèrement enroulés en dessus.
Vous voyez à leur surface des insectes morts ou des
débris, et vous pourriez croire que c'est le hasard
seul qui les a portés là, et qu'ils y sont restés collés
à la surface humide de la feuille. Mais il n'en est rien,

et la présence de ces insectes est le fruit d'une véritable chasse. Le fluide mucilagineux et transparent qui recouvre les feuilles est sécrété par la feuille même; il résiste au lavage de la plante et à l'action desséchante du soleil. .

Tenez, voici un petit ver; je le coupe en fragments très menus que je pose en rangée sur le bord de cette feuille. Observez bien ce qui va se passer : regardez, voilà ce bord qui s'enroule sur sa proie, tandis que l'autre bord de la feuille reste immobile. L'enroulement de la feuille est lent, la plante sait que sa victime engluée ne lui échappera pas; et, au bout de quelques heures, la digestion est faite; la feuille se déroule pour attendre une autre proie. De ce ver à la chair pulpeuse, il ne restera rien; mais, lorsque c'est un insecte, une mouche aux téguments solides, leur cadavre, épuisé de ses sucs nutritifs, glisse dans les dépressions de la feuille où s'est ramassé le liquide, comme vous le voyez dans ces débris desséchés d'insectes.

— Comment! s'écria Émilie au comble de l'étonnement, ces plantes mangent bien réellement les insectes?

— Sans aucun doute, dit le docteur; des expériences très curieuses ont été faites à ce sujet, et il est bien avéré que certaines plantes ont la faculté de dissoudre les éléments azotés d'une proie vivante et d'en absorber le produit pour s'en faire un aliment. Ces plantes n'en absorbent pas moins l'acide carbonique de l'air et l'eau du sol; seulement ce sont des gourmandes qui, à leur ordinaire, trouvent agréable d'ajouter quelques hors-d'œuvre savoureux. Mais, à quelques pas d'ici, je vais vous montrer un sujet plus digne encore de votre admiration. Je l'ai découvert il y a quelque temps dans ces parages, il est d'habitude assez rare. C'est le rossolis ou drosère à feuilles rondes.

Tenez, le voici ; et pour n'être pas grande, la plante n'en est pas moins remarquable. Ses feuilles, comme vous voyez, s'étalent toutes à terre, et du milieu d'entre elles s'élève, à 4 ou 5 pouces de hauteur, un petit épi de fleurs blanches. Remarquez que ces feuilles sont arrondies et portées sur de longs pétioles, et qu'elles sont couvertes, à leur face supérieure et surtout sur les

Rossolis.

bords d'une multitude de poils glanduleux, rougeâtres, au bout desquels brille, comme une perle de rosée, une gouttelette de liquide. C'est de là que lui vient son nom de *rossolis*, rosée du soleil. Ces gouttelettes toujours fraîches, même sous l'action d'un soleil desséchant, sont formées d'un liquide gluant. Que du bout de ses pattes ou de son aile un malheureux moucheron effleure l'une de ces perles liquides, il est aussitôt englué. Et plus il fait d'efforts pour s'en délivrer, plus il hâte sa perte; car le moindre mouvement donne l'impulsion aux poils qui, aussitôt, se rapprochent, s'entre-croisent, et forment bientôt autour de la victime une cage étroite. Les poils se redressent et le piège est de nouveau tendu, tout prêt à fonctionner. Tenez, attrapez cette petite mouche verte et offrez-la en holocauste à notre rossolis, vous allez assister à toutes les péripéties du drame.

J'attrapai aussitôt la mouche et la jetai sur l'une des feuilles où elle resta collée par une de ses ailes. La pauvrette se débattit un instant; mais, comme l'avait annoncé le docteur, les poils qui bordaient les feuilles se rapprochèrent aussitôt et s'entre-croisèrent en formant au-dessus de l'insecte un filet inextricable, et le sacrifice fut consommé.

— Et remarquez, continua le docteur, que ce n'est pas là un simple phénomène d'irritation, comme on l'a cru longtemps, car ni les gouttes de pluie, ni les brindilles de bois que pousse le vent sur ces feuilles ne provoquent l'incurvation des poils, tandis qu'un petit fragment de viande posé sans secousse est aussitôt entouré et garrotté.

— Oh! voilà qui est vraiment merveilleux, dit Émilie.

— Mais gagnons l'étang, nous y trouverons encore de quoi nous émerveiller, dit le docteur. Voici des aunes enlacés de liserons, des prêles, des souchets, qui nous annoncent son voisinage. Et tenez, vous voyez d'ici sa ceinture de joncs et de roseaux au milieu desquels s'ébattent les demoiselles ou libellules aux robes de soie bleue ou verte. Nous y voici. Voyez comme est riche cette végétation du bord des eaux, comme toutes ces plantes sont fraîches et brillantes ! Voici l'ulmaire ou reine-des-prés, qui balance mollement sous les caresses de la brise les panaches blancs de ses fleurs odorantes ; le butome ou jonc fleuri,

Utriculaire.

Utricules.

dont la tige triangulaire, le pied dans l'eau, ouvre au soleil son ombrelle rosée ; la salicaire courbe ses tiges sous le poids de ses longs épis rouges, et près d'elle la ciguë d'eau dresse sa grosse et perfide tige creuse. Ici, les fleurs de lis d'or des iris jaunes étincellent à côté des trèfles d'argent du plantain aquatique. Puis, ce sont sur les eaux les jaunes nénuphars et les blanches morènes. Mais j'aperçois encore là une de nos plantes gastronomes. Voyez-vous s'élever, à quelques centimètres au-dessus du niveau de l'eau, ces petites fleurs jaunes de forme bizarre? Ce sont des utriculaires, ainsi nommées parce que leurs feuilles découpées finement sont garnies d'une infinité de petites outres ou vessies. Ces vésicules, qu'on avait prises jusqu'à ce jour pour de simples appareils de flottaison remplis d'air, paraissent avoir une toute

L'étang.

autre destination ; elles sont en effet remplies d'eau et seraient en réalité des engins de pêche, des sortes de nasses pour capturer les animalcules dont fourmillent les eaux stagnantes. Essayons de tirer de l'eau une de ces tiges, afin de pouvoir mieux en examiner l'organisation ; je crois que Paul en viendra facilement à bout au moyen du crochet recourbé de sa canne.

— Bien, voilà qui est fait.

— Tenez, mon enfant, prenez ma loupe, et regar-

dez bien l'une de ces petites outres qui garnissent les
divisions des feuilles. Remarquez sur le côté un petit
orifice garni de poils; ces poils raides et divergents

Cypris (grossi).   Daphnie (grossie).

sont là, comme des espèces de chevaux de frise,
pour opposer un obstacle aux insectes trop volumi-

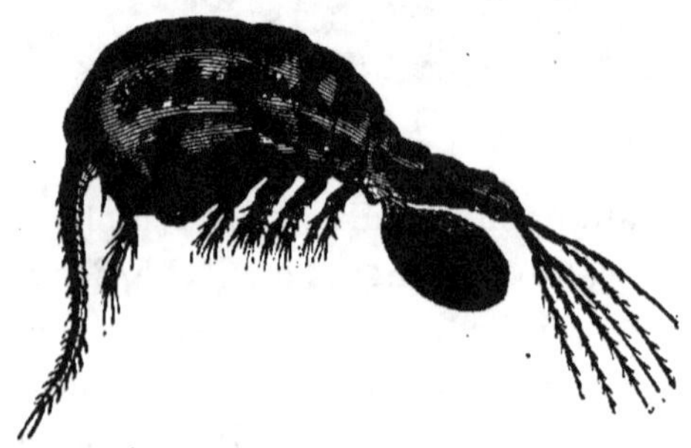

Cyclope (grossi).

neux qui voudraient forcer l'entrée de la place. Der-
rière ces poils est une sorte de clapet qui s'ouvre du
dehors en dedans, comme une trappe, libre pour

l'entrée, mais obstinément close à la sortie. C'est une porte de prison refermée sur d'imprudentes bestioles, condamnées à une mort lente, sans espoir de retour à la liberté. Si nous ouvrons quelques-unes de ces utricules et que nous en versions le liquide, comme je le fais ici, dans un de ces petits tubes de verre, dont je suis toujours muni, nous y découvrirons, à l'aide de la loupe, quelques-uns des plus gros habitants. Tenez, vous les y voyez nager en assez grand nombre : celui-ci, qui s'élève à chaque instant dans l'eau, en sautant comme une puce, est la *daphnie* ou puce aquatique ; les bras qui lui servent à s'élever dans le liquide sont ramifiés comme des branches d'arbre. En voilà un autre en forme de toupie allongée, avec deux antennes sur la tête et un seul œil au milieu du front, ce qui lui a fait donner le nom de *cyclope*. Ce troisième a la forme d'un haricot ; il est renfermé, comme les moules, dans une petite coquille bivalve, d'où il ne fait sortir que ses pieds et ses antennes ; on lui donne le joli nom de *cypris*. Quant aux autres, ils ne paraissent que comme des points, et ils sont si petits, que le pouvoir amplifiant de notre loupe est insuffisant pour nous permettre d'en distinguer les détails.

J'avais également vidé dans un tube de verre le contenu de quelques utricules, puis armé de ma loupe, je me mis à suivre avec intérêt la course vagabonde de ces infiniment petits, qui paraissaient aussi à l'aise dans cette étroite prison que des baleines dans l'Océan.

— Et que devient ce petit monde enfermé dans les utricules? demandai-je au docteur.

— On a remarqué que les organismes vivants enfermés dans les utricules s'y dissolvaient au bout

Népeuthès.

d'un certain temps ; ce qui donne à penser qu'ils sécrètent quelque ferment spécial jouissant de la propriété d'en hâter la décomposition, et qu'ils agissent comme de petits estomacs qui digèrent. Beaucoup d'autres plantes paraissent également douées d'appétits carnassiers. Le fameux népenthès de l'Inde, dont les feuilles se terminent par des urnes élégantes, est de ce nombre. Rien n'est plus curieux que cette plante, que j'ai observée moi-même en grand nombre à Madagascar, et qui, bien souvent, m'a été d'un grand secours pour étancher ma soif, sous le soleil torride de cette contrée. Elle n'a rien de commun toutefois avec le népenthès dont parle Homère, ce breuvage merveilleux qui unissait à la puissance de dissiper les chagrins et de calmer la colère le don ineffable de faire oublier tous les maux et d'endormir la douleur la plus cuisante. Le long de la tige s'élèvent des feuilles, dont la nervure médiane se prolonge en une longue vrille portant à son extrémité une urne garnie d'un opercule pour couvercle. L'opercule joue comme sur une charnière, s'ouvrant pendant le jour et se fermant au coucher du soleil. Ces urnes se remplissent pendant la nuit d'une eau limpide et fraîche, que sécrètent d'innombrables petites glandes situées dans le fond, et qui s'évapore en partie durant le jour. Dans ces bassins tombent et se noient des milliers de petits insectes dont les cadavres sont dissous par le liquide et digérés par la plante.

— Tout cela paraît tellement merveilleux, dit Émilie, qu'on croirait entendre quelque conte de fée.

— Eh bien, si merveilleux qu'ils vous paraissent, répondit le docteur, ces faits font aujourd'hui partie du domaine de la science. Et croyez bien, ma chère enfant, que tout ce que pourrait inventer l'imagination la plus féconde ne saurait atteindre, en fait de merveilleux, aux réalités que la nature étale constamment sous nos yeux.

Tout en causant, nous étions revenus à notre point de départ, la maison du docteur, qui prit congé de nous en nous invitant cordialement à revenir le voir ; à quoi nous nous engageâmes de grand cœur.

III

Nous nous empressâmes le lendemain de répondre à l'aimable invitation du docteur; il finissait de déjeuner, et, sur notre prière, il sortit pour nous accompagner et pour nous initier aux merveilles de la vie des plantes.

— De quelque façon qu'elle se nourrisse, nous dit-il, la plante fait de la sève, comme l'animal fait du chyle. La sève montante, comme nous l'avons vu, apporte à la plante les matériaux nécessaires à son accroissement; puis, épaissie et enrichie de matériaux nouveaux, elle redescend, circule entre le bois et l'écorce en parcourant les tubes fibreux du liber et dépose une nouvelle couche d'aubier en dehors de celles des années précédentes. Le tronc, ou plutôt le bois, s'accroît donc du dedans au dehors. L'écorce s'épaissit de la même manière, par couches successives, mais beaucoup plus minces. De plus, elle se développe en sens contraire, c'est-à-dire de dehors en dedans. La couche nouvelle de l'écorce est ce que l'on nomme le *liber*, parce que les lamelles très minces qui la composent sont superposées comme les feuillets d'un livre et se séparent lorsqu'on les fait macérer dans l'eau. La couche extérieure du bois, ou *aubier*, se distingue du vieux bois par sa texture moins compacte et sa nuance moins foncée. C'est dans les nouvelles couches que résident la vie et la force du végétal, et leur destruction entraînerait la mort de l'arbre entier. Les couches les plus centra-

Tronc d'orme.

les, au contraire, se dessèchent de plus en plus, s'encroûtent, deviennent inertes, et il n'est pas rare de rencontrer des arbres chez lesquels elles disparaissent complètement, consumées par la pourriture. C'est même ce qu'on voit toujours dans les arbres dont le cœur ne durcit pas, comme les saules. Quoi de plus étrange, au premier abord, que ces vieux saules rongés par les larves d'insectes, excavés par le temps, et qui, malgré tant de ravages et d'apparente décrépitude, se couvrent chaque année d'une puissante végétation?

Mais tenez, nous avons là précisément un vieux tronc d'orme, scié à un mètre du sol. Voyez ces cercles réguliers et concentriques qui vont en grandissant du milieu du tronc vers l'écorce. Ils marquent la limite des couches de bois successives. Chaque couche est l'œuvre d'une année. Comptez le nombre des couches, il nous donnera l'âge de l'arbre.

— Il y a trente-deux couches, dit Émilie, qui venait de les compter.

— Eh bien, l'arbre a trente-deux ans, dit le docteur. Maintenant, remarquez que certaines couches sont beaucoup plus larges que d'autres; elles indiquent des années fertiles pendant lesquelles l'arbre s'est copieusement nourri et bien porté. Voici des couches minces : celles-ci indiquent des années de disette, de sécheresse ou de froid. Les couches sont là, disposées dans l'ordre des années, bonnes ou mauvaises ; de sorte que, connaissant la date de la dernière couche de l'arbre, on peut former le tableau des années douces ou rigoureuses en inscrivant le millésime sur chaque couche. Les branches vous montreront leur âge, comme le tronc, par le nombre de leurs couches, et vous feront connaître dans quelle année de la vie de l'arbre elles ont pris naissance. L'arbre porte donc gravés dans sa chair son acte de naissance et les principaux épisodes de sa vie.

Vous vous demandez si le brin d'herbe que vous

foulez aux pieds a la même structure que l'arbre; si
l'organisation de ce nain végétal est aussi compli-
quée que celle du chêne majestueux qui vous couvre
de son ombrage. Sans doute, et le chêne centenaire,
le baobab au tronc monstrueux, ne sont pas plus intéressants à étudier que l'humble graminée. Chez
les uns comme chez les autres, on observe les mêmes
organes, les mêmes fonctions, ayant pour but la
conservation de l'individu et la reproduction de l'espèce. Quelques plantes sont tellement petites, qu'on
n'en peut étudier l'organisation qu'avec l'aide du
microscope, tandis que d'autres ont des proportions
colossales. Il en est qui ne vivent qu'un temps très
court, végétaux éphémères, ils voient à peine luire
deux soleils ; d'autres, au contraire, semblent braver
les siècles et paraissent éternels. Parmi ces géants du
règne végétal, je vous en citerai quelques-uns des
plus remarquables.

Sans parler du *tuba*, découvert par notre illustre
poète Victor Hugo :

> ....du tuba, de cet arbre si grand,
> Qu'un cheval au galop met, toujours en courant,
> Cent ans à sortir de son ombre,

j'ai vu dans mes nombreux voyages des végétaux
vraiment surprenants. Dans notre belle France, où,
bien que fort riche, la végétation n'atteint pas d'habitude des proportions colossales, il existe plusieurs
arbres remarquables par leur grand âge. Dans le
voisinage de Montélimar s'élève un châtaignier dont

le tronc, de 11 mètres de tour, est labouré de profondes crevasses, rides de la vieillesse ; ses hautes branches sont ravagées, et cependant il fructifie encore. On ne peut dire son âge, mais il faut compter par mille ans. Le cimetière d'Allouville, en Normandie, est ombragé par un chêne dont le tronc mesure 10 mètres de circonférence au niveau du sol. Une chambre d'anachorète, que surmonte un petit clocher, s'élève au milieu de l'énorme branchage. Le bas du tronc, en partie creux, est depuis 1696 disposé en chapelle. D'après ses dimensions, on donne à ce chêne neuf cents ans d'âge environ. Aujourd'hui, le vieux chêne porte sans effort ses monstrueuses branches ; chaque printemps, il se couvre d'un feuillage vigoureux et poursuit impassible le cours des âges, ayant devant lui, peut-être, un avenir égal à son passé.

On connaît en effet des chênes bien plus vieux. En 1824, un bûcheron des Ardennes abattit un chêne gigantesque, dans le tronc duquel furent trouvés des débris de vases à sacrifices et des médailles antiques. D'après le calcul des botanistes les plus experts, ce géant remontait à l'époque de l'invasion des barbares ; il avait pour le moins de quinze à seize siècles d'existence. Deux ifs, situés dans le cimetière de la Haie-de-Routot, dans l'Eure, ombrageaient de leur sombre verdure, en 1832, tout le champ des morts et une partie de l'église, lorsqu'une tempête violente brisa une partie de leurs branches ; malgré cette mutilation, les deux vieillards continuent à verdir. Leurs troncs, entièrement creux, mesurent l'un et

Le chêne d'Allouville.

l'autre 9 mètres de circonférence. Leur âge est estimé à quatorze cents ans. Ce n'est pourtant encore que la moitié de l'âge où d'autres arbres de la même espèce sont parvenus. Un if du cimetière de Forheingal, en Écosse, mesure 35 mètres de tour; son âge est de près de trois mille ans. Le plus gros arbre du monde est le châtaignier de l'Etna, en Sicile. On l'appelle *le Châtaignier aux cent chevaux*, parce que Jeanne d'Aragon, visitant un jour le volcan et surprise par l'orage, vint s'y réfugier avec son escorte de cent cavaliers ; sous sa forêt de feuillage gens et montures trouvèrent facilement un abri. La circonférence du tronc mesure plus de 50 mètres. Sous le rapport du volume, c'est moins un tronc qu'une forteresse. Une ouverture, assez large pour permettre à deux voitures d'y passer de front, traverse de part en part le châtaignier et donne accès dans la cavité du tronc, disposée en habitation à l'usage de ceux qui viennent faire la cueillette des châtaignes, car le vieux colosse a toujours la sève jeune et jamais il ne manque de fructifier. Il est impossible d'évaluer l'âge du géant ; mais il a certainement plusieurs milliers d'années.

Le jardin des Olives, au voisinage de Jérusalem, renferme encore huit de ces arbres rendus célèbres par le christianisme. Ces oliviers ont plus de 6 mètres de circonférence sur 9 à 10 de hauteur. Ils sont entretenus avec soin par les chrétiens et, d'après la tradition, ils seraient les mêmes qui existaient du temps de Jésus-Christ. D'après la lenteur de croissance de l'olivier, il y a lieu de penser que ces arbres remontent en effet au moins à deux mille ans, c'est-à-dire à la haute antiquité qui leur est attribuée. Le baobab d'Afrique est l'exemple le plus célèbre de l'extrême longévité de certains arbres. On en rencontre fréquemment, en Sénégambie, qui ont de 20 à 30 mètres de circonférence, et cependant leur écorce verte et luisante est encore si pleine de vie, qu'à la moindre blessure il en sort un liquide abondant, ce qui est loin d'annoncer un état de décrépitude. Adanson en a remarqué un, aux îles du Cap-Vert, dont il a calculé l'âge au moyen des couches du tronc, et le résultat de ce calcul a été que l'arbre avait six mille ans d'existence. Mais les géants par excellence du règne végétal sont certains conifères, analogues aux cyprès, et qui croissent sur les hautes pentes de la Sierra-Nevada, en Californie ; on leur donne le nom de *sequoia géant*. Aussi droits que des fûts de colonne, ils s'élancent à 150 mètres de hauteur, et ils dominent les plus grands arbres d'alentour. Leur tronc mesure de 15 à 30 mètres de tour. Les chercheurs d'or californiens n'ont pas respecté cette famille de géants : quelques-uns sont tombés sous la hache. L'un d'eux, admirablement conservé jusque dans ses parties les plus centrales, montrait plus de trois mille couches de bois concentriques ; il avait donc trois mille ans pour le moins. Sa prodigieuse tige avait plus de 9 mètres de diamètre.

Mais la plus grande merveille du monde végétal est la *Victoria regia*, dédiée à la reine d'Angleterre. Cette plante sans pareille habite les eaux tranquilles des lacs et des fleuves de l'Amérique méridionale. C'est une espèce de nénuphar de dimensions gigantesques ; ses feuilles, rondes, en forme de soucoupe, ont de 5 à 6 mètres de circonférence ; elles sont en dessus d'un vert tendre et en dessous d'un beau rouge cramoisi ; leur bord se relève tout autour à 10 centimètres de hauteur, et du centre rayonnent à la circonfé-

Victoria regia.

rence huit grosses nervures qui ont l'aspect de lattes de 3 à 5 centimètres de saillie ; de celles-ci s'échappent une foule de nervures plus petites, qui se divisent et se croisent à l'infini. Ces feuilles offrent une telle résistance, qu'une foule d'oiseaux pêcheurs viennent s'y poser pour y épier leur proie. La fleur, non moins admirable, est une énorme rose de 40 à 50 centimètres de diamètre, composée d'une centaine de pétales du blanc le plus pur, passant successivement par les nuances les plus variées du rose et du carmin. Cette fleur géante se balance à côté de la gigantesque feuille. Un délicieux parfum, comparable à celui de la fleur d'oranger, relève la beauté de cette incomparable fleur. Comme toutes les parties de cette plante extraordinaire, le fruit aussi est grandiose ; il atteint la grosseur d'une tête d'enfant et contient de nombreuses semences farineuses bonnes à manger. La victoria fut découverte à la fin du siècle dernier par le savant botaniste allemand Haenke, qui voguait en pirogue sur le Rio Mamoré, affluent de l'Amazone, en compagnie du père Lacueva, missionnaire espagnol. Le botaniste, avec cette ardeur qui caractérise tous ceux qui, s'étant occupés de l'étude des œuvres de Dieu uniquement, ont conservé leurs qualités natives, Haenke, frappé d'admiration et de reconnaissance, se précipita à genoux et adora le Créateur.

Comme nous revenions sur la lisière du bois, nous vîmes un homme qui ramassait des champignons.

— Faites attention, monsieur, dit le docteur, cette partie du bois est remplie de champignons de l'espèce la plus dangereuse.

— Oh ! je m'y connais, dit le cueilleur de champignons d'un air suffisant ; il n'y a pas de danger.

— C'est que les mauvais ressemblent tellement aux bons, insista le docteur, que le plus habile peut souvent s'y tromper. Et il me semble que vous venez justement de ramasser là une amanite bulbeuse, espèce très dangereuse, qui ressemble beaucoup à l'agaric comestible ; mais vous pouvez la distinguer à son pied renflé et à ses lames blanches, tandis que ces lames ou feuillets sont roses dans l'agaric comes-

Amanite bulbeuse.

tible. Croyez-moi, monsieur, prenez au moins la pré-caution de faire bouillir vos champignons avec une

Amanite fausse oronge.

bonne poignée de sel et de les laver ensuite à l'eau fraîche.

— Hé ! mon Dieu, soyez donc tranquille, dit le récolteur d'un ton bourru ; je vous répète que je sais ce que je fais.

Et, ce disant, il nous tourna le dos.

— Dieu veuille que l'ignorance présomptueuse de cet homme ne soit pas cause de quelque malheur ! dit le docteur.

— Mais à quel signe certain peut-on distinguer les bons champignons d'avec les mauvais? demandai-je.

Amanite oronge.

— A moins d'en avoir fait une étude spéciale et d'être doué du coup d'œil scientifique, il n'est pas un seul caractère constant et absolu dont on puisse se prévaloir pour affirmer qu'un champignon est de bonne ou mauvaise qualité. Les empoisonnements, si fréquents chaque année, en sont malheureusement la preuve.

Ainsi, l'on trouve souvent, croissant l'une près de l'autre, deux espèces assez semblables d'apparence, et cependant l'une est comestible, tandis que l'autre est un poison violent. La première, l'amanite oronge, est un beau champignon dont le chapeau, de couleur orangée, lisse, porte en dessous des lames jaunes, ainsi que son pied ; sa chair est délicieuse. L'autre, l'amanite fausse oronge, la vénéneuse, est également remarquable par sa beauté ; mais son chapeau, d'un orangé vif, est presque toujours moucheté de petites écailles blanches, et les lames placées sous le chapeau sont blanches ainsi que le pied. Cependant, les écailles blanches viennent quelquefois à manquer, et, malgré leurs caractères différents, plus d'un s'y est trompé et en a été cruellement puni.

— Mais on dit cependant, repris-je, qu'il y a des moyens de reconnaître les espèces vénéneuses : qu'une cuiller d'argent, par exemple, mise dans la casserole où les champignons cuisent, noircit, lorsque ceux-ci sont mauvais, et reste blanche s'ils sont bons ; que les mauvais, lorsqu'on les coupe, noircissent à l'air, tandis que les bons conservent leur couleur ; que les insectes mangent les bons champignons et ne touchent jamais aux mauvais.

— Toutes ces épreuves n'ont aucune valeur, dit le docteur ; d'abord l'argent ne noircit pas plus en présence des mauvais champignons que des bons ; ensuite, tous les champignons noircissent à l'air ou conservent leur couleur, qu'ils soient bons ou mauvais, selon leur état plus ou moins avancé. Quant aux insectes, ils s'attaquent indifféremment à tous les champignons, et quelques-uns mêmes vivent dans les espèces les plus vénéneuses ; car ce qui est mortel pour nous est inoffensif pour eux. L'aconit, la belladone, la digitale et d'autres plantes tout aussi dangereuses servent d'aliment aux insectes.

— Il faut donc renoncer absolument aux champignons ? dit Émilie. Mon père les aime tant !

— Non, mon enfant, dit le docteur. D'abord, vous

pouvez toujours sans crainte manger les champignons de couche et les morilles que l'on vend sur les marchés ; des inspecteurs sont chargés de les examiner avant d'en permettre la vente. Ensuite, tous les champignons peuvent être mangés, à la condition de leur faire subir un traitement préalable. Ce qui est vénéneux dans les champignons ce n'est pas la chair, c'est le suc dont celle-ci est imprégnée ; si on la débarrasse de ce suc vénéneux, les propriétés malfaisantes disparaîtront avec lui. On y parvient en faisant cuire dans l'eau bouillante, avec une bonne poignée de sel, pendant une demi-heure, les champignons coupés par tranches. On les retire ensuite, on les met égoutter dans une passoire, et on les lave une ou deux fois avec de l'eau fraîche. Cela fait, on peut les préparer à sa guise. Bien entendu, il faut avoir soin de jeter le liquide dans lequel ont bouilli les champignons, celui-ci s'étant chargé du principe vénéneux. Ces faits sont mis hors de doute tant par les usages adoptés en certains pays que par les expériences sérieuses faites sur eux-mêmes par de courageux observateurs. C'est ainsi qu'en Russie les gens de la campagne mangent beaucoup de champignons et en font de grandes provisions pour l'hiver. Pendant le carême, ces champignons constituent, avec le pain, à peu près la seule nourriture des paysans pauvres. Ils mangent indistinctement toutes les espèces, et ne prennent d'autre précaution que de les faire bouillir dans de l'eau avec du sel. Jamais, m'ont-ils affirmé, ils n'ont vu se produire chez eux aucun accident.

— Mais quelle chose singulière que le champignon! dit Émilie; je sais bien que c'est une plante,
et cependant il n'a rien de ce qui rappelle la plante :
ni feuille, ni fleur, ni racine. Comment se reproduit-il
donc, s'il n'a pas de graines?

— Il existe toute une classe de végétaux complètement dépourvus de fleurs, et à laquelle Linné a

Fougère. — *a b*, détails de la fronde.

donné le nom de *cryptogames*, de deux mots grecs qui
signifient *organes reproducteurs cachés*. Quelques-unes
de ces plantes, telles que les fougères et les mousses,
ont, au moins par les feuilles, les tiges, les racines,
l'aspect des autres végétaux ; mais les champignons
et les lichens semblent n'avoir plus aucun rapport
avec les autres familles du règne végétal. La forme
la plus habituelle du champignon est celle d'un para-

sol déployé : on y distingue le chapeau et le pied.
Le chapeau est la partie supérieure, tantôt étalée en
disque plus ou moins aplati, tantôt façonnée en dôme
hémisphérique, tantôt un peu creusée en entonnoir
au centre. Le pied est le support, la tige du parasol.
Dans le plus grand nombre des champignons, le dessous du chapeau est garni de lames nombreuses et
minces, régulièrement disposées et rayonnant du
centre ou du pied à la circonférence. Chez d'autres,
ces lames sont remplacées par des tubes très fins,
disposés côte à côte perpendiculairement au chapeau,
ou par des membranes ramifiées. C'est à la surface
de ces lames, de ces tubes ou de ces membranes,
que se forment les corpuscules propagateurs, les
semences des champignons. Ces semences, qui portent le nom de *spores*, sont tellement fines, qu'on ne
peut les voir qu'avec le secours d'un microscope, et
tellement nombreuses, qu'on ne saurait les compter.
Pour observer les spores en masse, il suffit de mettre un champignon fraîchement épanoui sur une
feuille de papier, les lames en bas. Du jour au lendemain, il tombe des lames sur le papier une poussière
farineuse excessivement fine, en entier formée de
spores. En germant dans un milieu favorable, une
spore donne naissance à des filaments blancs entre-
croisés d'où sort le champignon.

L'espèce dont on fait le plus fréquemment usage
comme aliment, et dont la culture est devenue si im-
portante, est l'agaric champêtre, connu sous le nom
vulgaire de *champignon de couche*. Pour le multi-

plier, on creuse dans un terrain sec et sablonneux, au midi ou au levant, une fosse profonde de 20 centimètres, large de 60 à 80 centimètres et d'une longueur arbitraire. On remplit cette fosse d'un mélange de fumier pourri et de crottin de cheval bien foulé et battu, et l'on y met d'espace en espace des fragments de ces filaments blancs provenant des spores, et qu'on nomme *blanc de champignon*. On recouvre le tout d'un lit de terreau de 2 à 3 centimètres d'épaisseur, et, par-dessus le terreau, on met enfin 5 à 6 centimètres de fumier non consommé. Ainsi établie, une couche ne tarde guère à produire, si l'on a soin de l'arroser souvent, surtout en été. Elle dure plusieurs années, et l'on entretient sa fécondité en l'arrosant avec l'eau qui a servi à

Agaric champêtre.

laver les champignons dont on a fait usage. Cette eau renferme les spores détachées des lames et enrichit ainsi la couche de semences. Le printemps et l'été sont les saisons les plus favorables à la construction des couches. Elles sont ordinairement en plein rapport deux mois après qu'elles ont été dressées. La récolte se fait tous les trois ou quatre jours. Pour avoir une température plus égale, beaucoup de jardiniers établissent leurs couches dans des caves, où elles exigent peu de soins. Presque toutes les catacombes et les vieilles carrières de Paris et des environs renferment des couches artificielles à champignons; quelques-unes sont si considérables, qu'elles exigent de 50 à 60 000 francs de roulement pour leur exploitation. La quantité de champignons qu'elles produisent est immense : on en apporte journellement de vingt à vingt-cinq mille maniveaux à la Halle. Chaque maniveau contient de six à dix champignons, suivant leur grosseur, et se vend, selon la saison, de 15 à 30 centimes. On en exporte même pour la Touraine et le Havre.

— Oh! n'est-il pas singulier de voir une substance alimentaire qui sort de Paris au lieu d'y être apportée! Mais quelles sont ces excroissances qui poussent sur les vieux arbres et rappellent un peu la forme d'une coquille d'huître? On en voit souvent plusieurs étagées les unes au-dessus des autres.

— C'est le bolet amadouvier, dont on fabrique l'amadou. Ce champignon, qui n'a pas de pied, est fixé à son support par le côté de son chapeau, et celui-ci, comme tous les bolets, porte en dessous des tubes au lieu de lames. Sa chair, coriace, filandreuse, couleur de tan, n'est pas bonne à manger, bien que dépourvue de qualités malfaisantes. Ce champignon atteint parfois jusqu'à 50 et même 60 centimètres de largeur. Pour en faire de l'amadou, on l'expose d'abord dans un lieu frais, où il se ramollit; on enlève les tubes et l'écorce et l'on divise le reste en tranches minces que l'on bat sur une pierre avec un maillet. On les place ensuite dans un chaudron qu'on remplit d'eau, en y ajoutant une poignée de salpêtre, destiné à rendre l'amadou plus combustible. On fait bouillir le tout pendant une heure, puis on retire les tranches, que l'on fait sécher lentement à l'ombre, et finalement on leur fait subir un nouveau battage. Le bolet comestible, si recherché des gourmets sous le nom de

Bolet amadouvier.

cèpe, est du même genre que le bolet amadouvier; mais il vient à terre et s'élève sur un pied. Son chapeau mesure parfois 35 centimètres de diamètre.

— Mais le nombre des espèces de champignons est-il donc si considérable qu'il soit difficile de les reconnaître? dit Émilie.

— Les champignons constituent une des familles les plus nombreuses du règne végétal, répondit le docteur. Tantôt microscopiques, tantôt atteignant un volume assez considérable, comme vous venez de le voir, ils croissent partout. Les uns cherchent un terrain humide, d'autres un terrain sec et sablonneux ; des milliers vivent en parasites sur les écorces, le bois, les feuilles des autres plantes, dont ils causent parfois la stérilité en se développant sur les étamines ou sur les graines mêmes, comme dans le charbon ou la carie qui attaque les céréales ; quelques-uns mêmes leur communiquent des propriétés vénéneuses. Vous avez entendu parler de l'oïdium, cet imperceptible champignon qui produit la maladie de la vigne, et de celui qui, pendant des années, a fait manquer les récoltes de pommes de terre et affamé l'Irlande.

Les animaux ne sont, pas plus que les végétaux, à l'abri de leurs atteintes. C'est un champignon de cette nature, le botrytis, qui engendre chez le ver à soie la maladie connue sous le nom de *muscardine*, et qui tue par milliers ces précieuses chenilles. Il se développe dans le corps de l'animal, le dessèche, le tue et le rend blanc et cassant comme du plâtre. Ce sont encore des champignons microscopiques qui, chez les enfants, engendrent le muguet et la teigne. Les moisissures qui se développent si rapidement et en si grand nombre sur tous les corps soumis à l'humidité ou susceptibles de fermentation, et qui entraînent en peu de temps leur destruction, ne sont autres que des champignons.

— Mais que sont ces croûtes diversement colorées et de formes variées qu'on voit en si grande quan-

tité sur les rochers et les vieux troncs d'arbres ; sont-
ce aussi des champignons ? demanda Émilie.

— Non, ma cousine, répondis-je, ce sont des lichens qui, comme les
champignons, appartien-
nent à la classe des cryptogames.

— Oui, dit le docteur,
et les espèces de lichens
sont très nombreuses ;
plusieurs sont utiles à
l'homme, et aucune d'elles
ne lui est nuisible. Vous

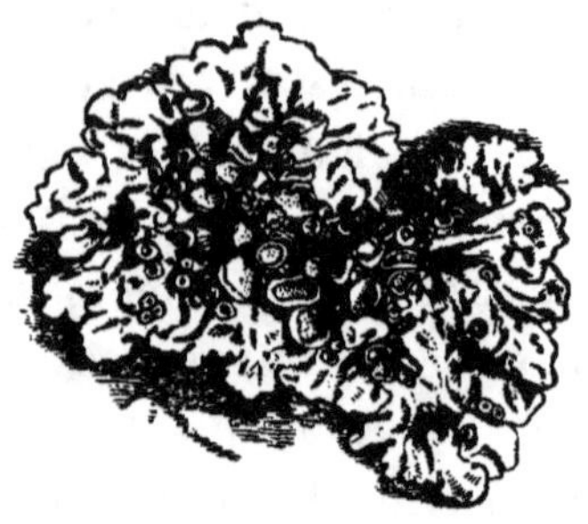

Lichen commun.

connaissez la réputation dont jouit le lichen d'Islande
comme remède précieux contre les affections de poi-

Lichen d'Islande.

trine ; la parmelia de Tartarie nourrit les hommes et
les animaux. Lorsque la neige couvre d'un blanc linceul, pendant de longs mois, la Laponie, les rennes,

qui sont la seule ressource des habitants, creusent du pied la neige et savent y découvrir l'abondant lichen dont ils se nourrissent. Le lichen lécanore, ou orseille d'Auvergne, donne à la teinture une belle couleur violette. Mais c'est surtout par le rôle qu'ils jouent sur notre globe que les lichens sont remarquables, donnant une nouvelle preuve de cette vérité, que c'est au moyen des infiniment petits que la nature accomplit les plus grandes choses. Ce sont, en effet, ces cryptogames presque imperceptibles qui servent pour ainsi dire de base au règne végétal tout entier. Ce sont elles qui des roches qu'elles désagrègent, qu'elles pulvérisent sans relâche, et de l'accumulation incalculable de leurs propres débris, forment en grande partie cet humus ou terre végétale d'où provient toute nourriture, d'où émane toute vie. Toutefois, c'est de proche en proche, et avec une lenteur pleine de majesté, que s'accomplit ce travail curieux de préparation. Le sol improvisé par les cryptogames les plus simples ne peut d'abord nourrir que d'autres cryptogames un peu plus complexes. Celles-ci, disparaissant à leur tour, sont remplacées par une série supérieure, et ainsi se poursuit une gradation qui, des lichens, passe aux mousses, puis aux fougères, puis enfin aux plantes florifères, lorsque le terrain a reçu tous les éléments nécessaires à sa fécondité. Ce phénomène, si important et si digne d'attention, se passe sous nos yeux. Je veux vous raconter ce que je tiens moi-même d'un témoin oculaire, le docteur Fagel, qui faillit être victime du

cataclysme qui détruisit la vallée de Goldau, en
Suisse.

Abritée et dominée par le Ruffsberg, montagne
haute de 1 600 mètres, la vallée de Goldau était un
des sites les plus pittoresques et les plus fertiles des
environs de Lucerne. Au pied du Ruffsberg, dans la
vallée, s'étendait un grand village couvert de ces
charmants chalets qui n'appartiennent qu'à la Suisse.
La pluie tombait à torrents depuis près d'un mois,
lorsque, le 2 septembre 1806, des craquements si-
nistres se firent entendre ; des masses de roches se
détachèrent des flancs de la montagne ; puis celle-ci
sembla glisser sur elle-même, d'abord lentement, et,
perdant tout à coup l'équilibre, elle s'abattit sur la
vallée, qu'elle broya sous ses débris sur plus d'une
lieue d'étendue. Trois villages étaient anéantis en
quelques secondes. Comment le docteur Fagel échap-
pa-t-il à cette catastrophe ? Dieu seul le sait. Le bruit
effroyable de cet écroulement et la commotion
produite par le déplacement de l'air lui firent
perdre le sentiment. Quand il revint à lui et qu'il
dirigea ses regards sur la vallée, au lieu du ravissant
paysage il n'aperçut qu'un hideux chaos de roches bri-
sées, entassées dans un pêle-mêle affreux. La vallée de
Goldau et le Ruffsberg n'existaient plus ! Le pauvre
docteur prodigua ses soins aux rares habitants échap-
pés au désastre ; puis, l'âme navrée, il s'éloigna de
cette scène de désolation.

Quatre ans après, Fagel voulut revoir les ruines de
la vallée de Goldau. Les roches nues et stériles étaient

recouvertes d'une teinte verdâtre, qu'il reconnut à la loupe pour des amas de conferves et céramies, les plus élémentaires des végétaux. Leurs germes imperceptibles, transportés par l'air, s'étaient fixés sur les roches nues, et, humectés par les pluies et les rosées, s'y étaient développés. Trois ans plus tard, le docteur trouvait les roches couvertes de lichens, de champignons et de mousses, qui avaient trouvé pour végéter assez d'éléments nutritifs dans les détritus accumulés des conferves microscopiques. Dix ans après la catastrophe, les lichens et les champignons, constamment détruits et constamment renouvelés, avaient formé une couche de véritable terre végétale, sur laquelle se montraient des fougères aux frondes élégamment découpées, et quelques rares graminées. Puis, la couche d'humus s'étant rapidement accrue des débris des mousses et des fougères, les plantes florifères parurent à leur tour ; les joubarbes, les chardons, les bruyères y parurent les premiers ; puis les centaurées, les renoncules, les labiées, etc. Si bien qu'en 1832, c'est-à-dire vingt-six ans après l'écroulement du Ruffsberg, dans le sol végétal formé des débris de toutes ces générations de plantes diverses, desséchées par les vents, brûlées par le soleil, décomposées par les pluies, les neiges et les gelées, et transformées en fumier riche et fécond, se dressaient déjà les rameaux d'arbustes nombreux tels que genêts, viornes, nerpruns, sureaux, etc. Puis survinrent, Dieu sait comment, les graines des conifères qui se glissèrent dans les moindres fissures des masses calcaires, des grès et des granits ; puis, ce furent des bouleaux, des châtaigniers, des chênes et d'autres essences qui germèrent, poussant leurs tiges en haut et leurs racines en bas dans les crevasses et les interstices des roches, les faisant éclater au besoin. Aujourd'hui, ces arbres élèvent vers le ciel leur tête couronnée d'une opulente verdure, répandant autour d'eux l'ombre et la fraîcheur et abritant des colonies d'oiseaux. Des chalets se sont élevés sur cette terre nouvelle, couverte de moissons et de pâturages où paissent les belles vaches laitières. La vallée resplendit de nouveau et la nature, brillante de jeunesse et de beauté, a fait disparaître les dernières traces de la terrible catastrophe du Goldau.

— Comme tout cela est admirable ! dit Émilie, qui avait écouté le récit du docteur dans un respectueux silence.

— N'êtes-vous pas frappés des rôles opposés que jouent les cryptogames dans la nature ? Ici, source de vie pour les végétaux supérieurs, ces infimes fondateurs de l'humus deviennent bientôt redoutables. Emportés par l'irrésistible courant qui les fait créateurs, comme Saturne, ils arrivent à dévorer ceux-là mêmes auxquels ils ont donné l'existence. Les plus grands arbres des forêts sont, à mesure qu'ils vieillissent, envahis de toutes parts par ces lichens, ces champignons et ces mousses dont les débris ont nourri leurs racines. Ils finissent toujours par succomber à ces atteintes multipliées ; quelques années suffisent pour faire tomber en poussière leurs troncs désorganisés, et c'est un spectacle saisissant de voir ces cadavres gigantesques rejetés au tourbillon de la vie universelle par ces infimes, mais infatigables transformateurs. Et l'on peut dire sans exagération que si, dans la nature, tout commence par les crypto-games, c'est aussi par elles que tout finit.

Tout en écoutant le docteur, nous étions revenus sur nos pas, non sans faire de nombreuses haltes nécessitées par ses démonstrations. Nous approchions du village lorsque nous entendîmes des gé-missements, et bientôt s'offrit à notre vue une femme qui levait les bras au ciel en donnant des signes d'un profond désespoir.

— Ah! mon pauvre homme! s'écria-t-elle en gé-missant.

Nous nous arrêtâmes, et le docteur lui demanda la cause de sa douleur.

— Ah! mon bon monsieur, dit-elle en pleurant, je lui avais bien dit que ses champignons finiraient par lui jouer un méchant tour; mais il ne voulait pas m'écouter, et le voilà maintenant à moitié mort, em-poisonné.

— Ce que je craignais est arrivé, dit le docteur; c'est sans doute notre cueilleur de champignons. Heureuse-ment qu'il ne doit pas y avoir longtemps qu'il a ingéré le poison. Voyons, ma brave femme, dit-il en s'adressant à la paysanne, conduisez-nous chez vous; peut-être arriverons-nous à temps pour sauver votre mari.

La femme ne se le fît pas dire deux fois, et, marchant devant nous, tout en continuant de gémir, elle nous introduisit dans une maisonnette d'assez pauvre apparence. Un spectacle affreux nous y attendait : pâle et agité par d'horribles convulsions, notre cueilleur de champignons se tordait sur le sol. Sur un signe que me fit le docteur, je l'aidai à le transporter sur son lit.

— J'ai vu près d'ici le remède, me dit-il ; maintenez-le pendant quelques instants.

Il sortit en même temps et revint presque aussitôt, portant une grosse touffe de longues tiges grêles et contournées, garnies de feuilles en cœur d'un vert gai, et de grappes de petites fleurs d'un jaune verdâtre, qu'il avait arrachées à la haie voisine. Il en exprima le suc dans une tasse en serrant et écrasant la plante ramassée dans le coin d'un torchon, puis il versa dessus l'eau chaude que contenait une bouilloire qui chantait sur le feu. Il fit boire sans trop de difficulté ce breuvage au malade, et celui-ci fut bientôt pris de vomissements qui parurent le soulager. Un quart d'heure après, le docteur lui fit boire encore une tasse du jus de la plante, qui provoqua de nouveaux vomissements. Le malade, sortant alors de sa torpeur, ouvrit les yeux et nous reconnut.

— Ah! monsieur, dit-il au docteur, je suis bien puni de ne vous avoir pas écouté ; mais si j'en échappe, je suivrai vos conseils. Ne m'abandonnez pas.

— Non, mon ami, dit l'excellent homme ; mais que cela vous rende prudent à l'avenir.

Alors il écrivit au crayon, sur une feuille de son

calepin, une ordonnance pour le pharmacien, qu'il remit à la femme en lui donnant ses instructions.

— Tenez, lui dit-il, allez vite faire préparer cette potion, que vous ferez prendre de suite à votre mari. J'espère que, pour cette fois, il en sera quitte pour la peur.

Tamier (*Tamnus communis*).

Nous sortîmes de la maison, et le docteur nous fit remarquer dans la haie une plante grimpante qui s'enroulait autour des tiges et des branchages.

— C'est le tamier ou sceau de Notre-Dame, nous dit-il, encore une plante aujourd'hui méconnue, malgré ses propriétés salutaires.

Nous prîmes congé du docteur en le remerciant et lui demandant la permission de renouveler notre visite.

— Vous serez toujours les bienvenus, mes enfants, nous dit-il en nous serrant les mains.

— Eh bien ! demandai-je à ma cousine en revenant, êtes-vous réconciliée avec le docteur ?

— Oh ! mon cousin, répondit-elle, c'est l'homme le meilleur et le plus savant que je connaisse.

IV

Nous étions arrivés aux derniers jours du mois de mai, qui avait été splendide ; une végétation exubérante embellissait les campagnes.

— Mon cousin, me dit un beau matin Émilie, je suis vraiment honteuse de mon ignorance, il faut que vous me donniez une leçon de botanique. Le voulez-vous ?

— Oh ! bien volontiers, ma cousine ; ce sera pour moi un grand plaisir, et puisqu'il fait aujourd'hui un temps magnifique, nous pouvons commencer dès à présent. Le docteur nous a initiés aux grands phénomènes de la vie végétale ; moi, je vous parlerai des fleurs et de leur organisation, car c'est sur elles que repose la classification botanique, et c'est par elles que la plante se reproduit. Mais si vous voulez étudier avec fruit cette aimable science, il vous faudra faire un herbier.

— Un herbier, dit-elle, qu'est cela, je vous prie ? Serait-ce par hasard cette collection de plantes écrasées entre deux feuilles de papier, que vous appelez ainsi ?

— Justement, et j'opérerai devant vous pour vous montrer comment il faut s'y prendre.

— Mais, mon cousin, cela ne ressemble plus à des fleurs, ces malheureuses plantes que vous traitez ainsi ; elles sont toutes déformées et fanées, et l'on dirait bien plutôt un cimetière qui n'offre plus à l'œil que les squelettes d'elles-mêmes.

— Sans doute, les plantes desséchées n'ont plus la fraîcheur et le charme des fleurs d'un parterre ou d'une prairie ; mais, pour l'étude, elles offrent des ressources inappréciables, car on peut les observer en tout temps, et quand leur saison sera passée. Ce jardin sec, qui ne dépend pas des vicissitudes des saisons, est, en outre, pour le botaniste, une source continuelle de jouissances. Écoutez ce qu'en dit J.-J. Rousseau, qui aimait tant les fleurs.

Je pris alors dans la bibliothèque de mon oncle la *Botanique* de Rousseau et j'y lus le passage suivant :

« Toutes mes courses de botanique, dit-il, les diverses impressions du local, les objets qui m'ont frappé, les idées qu'il m'a fait naître, les incidents qui s'y sont mêlés, tout cela m'a laissé des impressions qui se renouvellent par l'aspect des plantes herborisées dans ces mêmes lieux. Je ne reverrai plus ces beaux paysages, ces forêts, ces lacs, ces bosquets, ces rochers, ces montagnes, dont l'aspect a toujours touché mon cœur ; mais maintenant que je ne peux plus parcourir ces heureuses contrées, je n'ai qu'à ouvrir mon herbier, et bientôt il m'y transporte. Les fragments des plantes que j'ai recueillies suffisent pour me rappeler ce magnifique spectacle. Cet herbier est pour moi un journal d'herborisations qui me les fait recommencer avec un nouveau charme et produit l'effet d'un optique qui les peindrait derechef à mes yeux. »

— Eh bien ! soit, dit Émilie, je ferai un herbier, et peut-être y prendrai-je goût; mais, pour le moment, la campagne est tellement riche, que nous pouvons nous en passer.

Nous sortîmes donc du jardin et nous nous trouvâmes bientôt dans une vaste prairie que traversait dans toute sa longueur un petit ruisseau babillard. Fier de mon rôle de professeur, je me préparai à le remplir de mon mieux. Je pris donc un air grave. et, après avoir toussé trois fois, je commençai en ces termes :

De toutes les parties du végétal, celle qui a toujours le plus attiré l'attention, c'est la fleur. Son nom seul éveille en nous les plus riantes idées, les plus agréables sensations. Ses formes sont en général si gracieuses, son coloris si brillant, son parfum si suave, qu'elle captive tous les âges : enfants, nous courons dans les vertes campagnes pour y cueillir des bleuets et en tresser des couronnes ; vieillards, nous aimons à reposer nos yeux sur un brillant parterre. L'art emprunte aux fleurs ses plus gracieux modèles ; elles ont inspiré aux poètes leurs plus charmantes conceptions. Dans les fêtes religieuses comme dans les joyeux festins, les fleurs ont leur place. La nature semble leur avoir prodigué tous ses dons et les avoir entourées des soins les plus délicats. C'est qu'en effet la fleur est l'organe le plus important de la plante, puisque c'est elle qui renferme les œufs ou les graines au moyen desquelles elle se reproduit.

Mais il faut d'abord que vous connaissiez les organes qui constituent la fleur. Tenez, cueillez ce joli géranium qui croît à vos pieds et examinez-en la fleur épanouie : la petite tige qui la porte, et à laquelle on

Géranium.   Fleur de géranium.

donne en botanique le nom de *pédoncule*, se renfle en un petit support sur lequel s'attachent les pièces délicates qui constituent la fleur. Vous voyez d'abord une enveloppe extérieure, composée de cinq feuilles rougeâtres, couvertes d'un duvet blanc : c'est le *calice*. En enlevant ces feuilles avec précaution, vous trouvez en dedans une seconde enveloppe, également formée de cinq feuilles, d'un beau rose vif, veiné de rouge : c'est la *corolle*.

— Bien. Nous disons donc le pédoncule, qui porte

la fleur ; le calice et la corolle, qui constituent celle-ci. Je m'en souviendrai.

— Ah ! n'allons pas si vite. Pour le botaniste, ce n'est pas là la fleur.

— Comment, dit Émilie, ce n'est pas la fleur ? mais qu'est-ce donc alors ?

— Ce n'est que le berceau de la fleur ; car si la fleur est pour vous cet objet gracieux qui charme vos yeux, ou votre odorat, il s'ensuivra que bien des plantes en seront privées. Toutes n'ont pas, tant s'en faut, à vous offrir des corolles brillantes et parfumées, et cette partie est, pour le végétal, la moins utile. C'est dans l'intérieur de ce berceau charmant qu'il faut chercher la véritable fleur. Voyez-vous, à l'abri dans cette corolle, ces dix petites baguettes, rangées en cercle, et dont chacune porte à son extrémité un petit sac d'un rouge vineux ? Ce sont les *étamines*, et si vous fendez l'un des petits sachets ou *anthères* qu'elles supportent, vous verrez qu'il est rempli d'une poussière jaune à laquelle on donne le nom de *pollen*. Puis, au centre du cercle des étamines s'élève une élégante colonne creuse, terminée par une petite gerbe rose à cinq branches, dont la surface est molle et humide : c'est le *pistil*. Ici cet organe n'est pas suffisamment développé, en raison de son jeune âge ; mais, si vous prenez vers le bas de la plante une fleur déjà fanée, et que vous en enleviez ce qui reste des feuilles de la corolle et des étamines flétries, vous remarquerez d'abord que celles-ci ont perdu leurs sachets (anthères), et que la colonne centrale (pistil)

se renfle à sa base en une espèce de ballon à cinq
côtes.

— Ah ! oui, je le vois.

— Si, avec la pointe de votre canif, vous ouvrez
ces côtes, vous verrez que ce sont des cavités, dont
chacune renferme une graine. Ce petit ballon est en
effet l'*ovaire*, qui contient les œufs du géranium.
Remarquez la longueur démesurée que prend la
colonne centrale, dans les fleurs fanées ou mûres :
c'est ce développement qui a fait donner à la plante
le nom de *bec-de-grue,* qui n'est que la traduction du
grec *geranos*, en latin *geranium*. Les nombreuses
variétés de géranium, dont les corolles flamboyantes
ornent votre jardin, sont d'origine étrangère.

Les parties que je viens de vous nommer se trouvent également dans les fleurs des autres plantes,
mais à divers degrés de proportion, de situation et
de nombre ; dans beaucoup de végétaux, quelques-
unes de ces parties manquent. Le pistil et les étamines,
voilà les parties essentielles de la fleur.

— Bon, dit Émilie, il me faut donc encore graver
dans ma mémoire les mots *étamine, pistil, anthère ;*
nous y arriverons.

— Très bien !

Lorsque le moment est venu, c'est-à-dire quand la
fleur est complètement développée, les petits sachets
(anthères) s'ouvrent d'eux-mêmes, le pollen qu'ils
renferment tombe sur le pistil, descend à l'intérieur
le long du tube et arrive aux graines, qu'il rend
germinatives. Alors, tout ce qui constituait la fleur se

flétrit et tombe, sauf l'ovaire, qui grossit de plus en plus et qui devient le fruit. Coupez les étamines avant leur maturité ; les graines ne mûriront pas, l'ovaire ne grossira pas, et il ne se produira pas de fruit.

Tenez, voici, à portée de votre main, une fort jolie plante, assez commune en cette saison : c'est le *lychnis* ou compagnon blanc. Analysons cette fleur comme nous l'avons fait du géranium. Nous y voyons d'abord

Lychnis.

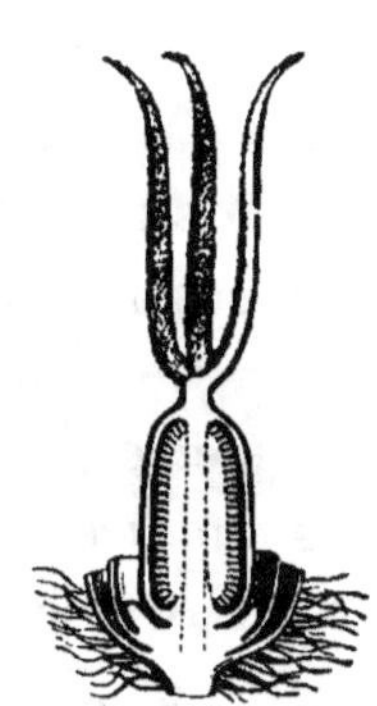

Ovaire et pistil de lychnis.

une enveloppe verte, qui est le calice ; mais, au lieu d'être formée de cinq feuilles détachées, comme dans le géranium, elle est ici en forme de tube, renflé dans le bas et divisé dans le haut en cinq dents. De l'intérieur du calice s'élèvent, en s'épanouissant au dehors, cinq belles feuilles blanches, taillées en cœur et séparées les unes des autres : c'est la corolle. Si nous détachons avec précaution ce calice en tube, nous trouvons en dedans de la seconde enveloppe un beau

panache composé de cinq branches d'un blanc verdâtre, qui part du sommet d'un petit corps vert foncé
en forme de poire. Ce panache, qui rappelle les cinq
branches du pistil du géranium, est en effet un pistil,
et le corps vert en forme de poire est l'ovaire, ce dont
vous pouvez vous assurer facilement en le coupant
horizontalement. Vous y voyez alors cinq loges, dont
chacune renferme deux graines. Mais où sont les
étamines ?

— J'ai beau chercher, je ne les vois pas, dit Émilie.

— En effet, cette fleur n'en a pas ; c'est une fleur
simplement pistillée. Mais, à quelques pas plus loin,
voilà un autre pied de lychnis ; voyons si nous n'y
trouverons pas d'étamines. Remarquez d'abord que,
chez celui-ci, le calice est moins renflé que dans le
premier ; qu'en outre il résiste moins sous la pression
des doigts, on dirait qu'il est vide. Voyons ce qu'il y
a dedans. Nous enlevons le calice ou tube vert, puis
les cinq feuillets blancs de la corolle ; mais on ne voit
dedans ni le panache à cinq branches, ni le cylindre
vert d'où il s'élevait : nous trouvons à leur place dix
étamines qui se dressent sur le réceptacle formé par
l'épanouissement du pédoncule. Voilà donc une fleur
exclusivement étaminée. Comme vous le voyez, toutes
les fleurs ne possèdent pas, réunis dans leur sein,
étamines et pistil. Il y a des végétaux dont certaines
fleurs ne portent que des étamines, tandis que d'autres
n'ont que le pistil. Tantôt les fleurs pistillées et les
fleurs étaminées se trouvent réunies sur la même
plante, comme il arrive pour le melon ; tantôt ces

fleurs sont portées sur des pieds distincts, comme nous le voyons ici. Et quand une plante n'a que des fleurs étaminées, on peut être assuré qu'une autre plante de la même espèce ne porte que des fleurs pistillées.

J'ai vu dans votre jardin quelques melons élevés sous cloche.

— En effet, ils ont une tige couchée, hérissée de poils, et de grosses fleurs jaunes qui ont un peu l'apparence de celles du lychnis.

— Eh bien, vous avez dû remarquer que la tige du melon porte des fleurs de deux espèces : les unes sont renflées comme celles du lychnis pistillé et offrent à l'intérieur une colonne terminée par une crête épaisse : c'est le pistil, et l'on n'y trouve pas d'étamines ; les autres sont moins grosses et ne montrent à leur intérieur que des sachets à poussière portés sur des filets très courts ; mais on n'y voit pas de colonne centrale : ce sont des fleurs étaminées.

— Oui, dit Émilie, comme dans le lychnis.

— A cette différence que, si dans le melon les étamines et le pistil sont séparés, ils habitent la même plante, tandis que dans le lychnis les fleurs à graines ou pistillées naissent sur un pied, et les fleurs à pollen ou étaminées sur un autre pied, souvent fort éloigné du précédent.

— Oui, je comprends, les unes, celles du melon, habitent la même maison, mais à des étages différents, et celles du lychnis habitent des maisons séparées.

— C'est précisément là ce qu'expriment les botanistes en donnant aux premières le nom de *monoïques*,
formé de deux mots grecs : *monos*, seul, et *oïkia*,
demeure, et aux dernières, celui de *dioïques*, de *dis*,
deux, et *oïkia*.

Le melon.

— Que je suis heureuse, moi qui ne sais pas le
grec, dit Émilie en riant, de me rencontrer avec les
savants !

— Mais, pour en revenir à nos melons, repris-je,
si vous interrogez votre jardinier, il vous dira que
les fleurs renflées sont destinées à devenir autant de

fruits, et que les autres fleurs se flétriront et tomberont sans rien produire. Il vous sera d'ailleurs bien facile de vérifier vous-même l'exactitude de ce que vous affirme le jardinier. Vous connaissez donc l'usage de la fleur renflée ; mais à quoi servent les fleurs qui ne produisent pas de melons? Une expérience bien simple vous l'apprendra. Si, sur une tige de melon près de fleurir, vous coupez sans exception toutes les fleurs non renflées, c'est-à-dire étaminées avant qu'elles s'épanouissent, en ayant soin d'épargner les boutons renflés, destinés à produire des fruits, et que vous recouvriez la plante d'une cloche de verre afin de l'isoler, vous verrez les fleurs renflées éclore comme à l'ordinaire; mais elles ne prendront aucun développement après avoir fleuri, les petits œufs contenus dans leur cavité ne grossiront pas et ne deviendront pas des graines. Mais si vous allez cueillir sur une tige de melon éloignée de la vôtre des fleurs semblables à celles que vous avez coupées, et que vous secouiez sur quelques-unes de vos fleurs renflées la poussière de leurs sachets, de façon qu'elle tombe sur la crête de leur pistil, vous verrez bientôt toutes les fleurs que vous aurez saupoudrées prendre du développement et donner des melons, tandis que celles qui n'auront pas reçu la poussière des anthères resteront stériles. Que conclurez-vous de cela?

— Que la poussière des anthères des fleurs étaminées est indispensable à la maturation des fleurs pistillées, dit Émilie.

— Parfaitement. Les graines rendues germinatives par la poussière des anthères ou le pollen grossissent à la faveur des cordons qui les soutiennent suspendues et leur transmettent les sucs nourriciers : elles mûrissent, se détachent de la plante mère, germent dans le sol et deviennent elles-mêmes des plantes semblables à celle qui leur a donné naissance.

— Depuis un temps immémorial, les habitants de l'Égypte et d'autres parties de l'Afrique ont l'habitude de pratiquer cette fécondation artificielle dont je viens de vous parler à propos du melon. Les dattiers portent, sur des pieds différents, les fleurs à pistil qui donnent des fruits, et les fleurs à anthères chargées de pollen. A l'époque de la floraison, les propriétaires des dattiers montent au sommet des arbres qui portent les bouquets de fleurs à pistil et secouent au-dessus les grappes de fleurs à étamines, dont le pollen s'échappe et va vivifier les graines. Lorsque les tribus de ces peuples sont en guerre entre elles, elles coupent tous les dattiers à pistils de leurs voisins, et font ainsi manquer la récolte des dattes, ce qui leur produit un terrible dommage, car ces fruits entrent pour moitié dans l'alimentation de ces peuplades.

La nature a tout prévu, tout préparé pour assurer la maturation des graines, car de là dépend la multiplication des végétaux sur la terre. Dans un grand nombre de fleurs, les étamines dépassent en longueur les pistils, et alors le pollen qui s'échappe de

leurs anthères tombe tout naturellement sur l'organe porte-graines. Dans beaucoup d'autres, le pistil surmonte les étamines, et le pollen lancé par les anthères risquerait de tomber au fond de la corolle sans atteindre son but ; mais presque toujours les fleurs qui présentent cette disposition se tiennent renversées, de manière que le pollen surplombe encore la partie du pistil sur laquelle il doit se fixer. Dans les plantes où les fleurs étaminées et les fleurs pistillées sont portées sur le même pied, telles que le noyer, les pins, le melon, les fleurs à anthères occupent l'extrémité des branches, et les fleurs pistillées s'ouvrent au-dessous.

Les étamines d'un grand nombre de plantes offrent des mouvements marqués et comme spontanés, à l'époque de l'émission du pollen. Chez la rue, les étamines s'étalent d'abord horizontalement, puis elles se redressent l'une après l'autre contre le pistil, ouvrent leurs anthères, lancent leur pollen et reprennent leur position première. Dans les œillets, les étamines s'approchent du pistil toutes à la fois ; dans les cactus, les passiflores, la nigelle, c'est au contraire le pistil qui s'incline au-devant des étamines pour en recevoir le pollen. Les nombreuses étamines de l'opuntia se réunissent et se recourbent en voûte au-dessus du pistil.

— Tout cela est vraiment merveilleux, dit Émilie ; mais je ne comprends pas, je l'avoue, comment il peut se faire que dans les plantes où, comme le lychnis, les fleurs à étamines sont parfois très éloignées des fleurs à pistil, celles-ci puissent recevoir le pollen qui doit animer leurs graines.

— Deux sortes de messagers se chargent dans ce cas de transporter le pollen : l'un de ces messagers

Rameau de pistachier.

est le vent ; l'autre les insectes. C'est souvent à de grandes distances que le vent transporte la poussière des étamines. Le pollen n'est pas perdu, les pistils le happent au passage. En voici un exemple bien connu de tous les botanistes : à l'époque où Bernard de Jussieu dirigeait le Jardin des Plantes à Paris, on y cultivait deux pieds de pistachiers ; chaque année, ces arbres donnaient de fort jolies fleurs à pistil, mais ne fournissaient aucun fruit, faute de fleurs à étamines. Tout à coup, ils vinrent à en produire ! Grand fut l'étonnement du célèbre botaniste, qui, conjecturant dès lors qu'il devait exister, dans Paris ou aux environs, quelque pied de pistachier portant des fleurs à étamines, résolut de le découvrir. Il crut ne pouvoir mieux faire que de s'adresser au chef de la police. Celui-ci mit aussitôt ses agents en campagne, avec le signalement exact de l'individu qui se cachait si bien. Les agents tournèrent autour du jardin, en élargissant peu à peu le cercle de leurs perquisitions, et ils finirent par découvrir qu'un pied de pistachier portant des fleurs à étamines avait fleuri pour la première fois dans la pépinière des Chartreux, près du Luxembourg. Le pollen, porté par le vent, était donc venu, par-dessus les édifices d'une partie de Paris, s'abattre sur les fleurs pistillées des deux pistachiers du Jardin des Plantes.

— Oh ! cette fois, mon cousin, je crois que vous voulez vous moquer de moi. Comment admettre que le vent ait pu transporter si loin une petite quantité de poussière, sans la disperser partout ailleurs que sur l'étroite surface de la fleur qui en avait besoin ?

— Que j'aie voulu me moquer de vous, ma chère Émilie, vous ne le croyez pas ; mais si l'hypothèse du vent, admise par des savants, ne vous satisfait pas, cherchons-en une autre.

Vous n'ignorez pas qu'on trouve au fond de beaucoup de fleurs une liqueur sucrée d'un goût très agréable, et bien souvent, sans doute, vous avez sucé les fleurs de l'acacia, du chèvrefeuille, de la primevère et de bien d'autres encore, commettant en cela un larcin au préjudice des abeilles et des bourdons qui en fabriquent leur miel. Cette espèce de sirop, qu'on nomme *nectar*, est sécrété par de petites glandes placées au fond de la corolle et qu'on appelle *nectaires*. C'est précisément vers l'époque de la production du pollen que cette liqueur s'élabore au fond de la corolle; elle disparaît aussitôt après.

Mais ce n'est pas gratuitement que les fleurs prodiguent aux insectes leur trésor; car, si elles leur assurent une nourriture délicieuse et abondante, les insectes, à leur tour, contribuent à la fertilité des plantes. Regardez les abeilles et les bourdons, lorsqu'ils sortent repus de la liqueur des nectaires ; leur corps hérissé de poils se trouve chargé de la poussière jaune des anthères au milieu desquelles ils se sont agités pour atteindre le fond de la corolle. Ils reprennent leur vol et vont butiner sur d'autres plantes, où ils secouent sur les pistils mous et humides le pollen dont ils sont couverts. Les insectes jouent ainsi un rôle au moins aussi important que celui du vent, dans l'acte de la maturation des plantes. La corolle brillante des fleurs est en quelque sorte l'enseigne de l'hôtellerie, qui invite les insectes voyageurs à prendre leur repas. Par ses formes, ses nuances, son parfum, elle indique aux insectes le réservoir où ils pourront puiser du sirop.

— Je préfère cette hypothèse pour expliquer la fructification du pistachier, dit Émilie.

Dans quelques fleurs, cependant, une grave difficulté se présente : ces fleurs sont étroitement fermées de partout. Comment trouver l'entrée, la porte de la salle à manger? Tenez, voici une gueule-de-loup ou fleur de muflier; comme vous voyez, la fleur est exactement close; ses deux lèvres rapprochées ne laissent aucun passage libre. Comment donc arriver au nectar? La couleur de la gueule-de-loup est d'un rouge violet uniforme; mais tout au beau milieu de la lèvre inférieure se trouve une large tache d'un jaune très vif. Cette tache, si propre à

Fleur de muflier.

frapper la vue, est l'enseigne dont je parle; c'est là qu'est le bouton de la porte. Appuyez vous-même le doigt sur la tache, immédiatement la fleur bâille, la porte s'ouvre. Les insectes sont parfaitement au courant de ces choses.

Toutes les fleurs closes ont, comme la gueule-de-loup, un point voyant, une tache de teinte vive, une enseigne qui indique à l'insecte l'entrée de la corolle. D'après l'un des observateurs les plus exacts de notre époque, Robert Brown, la reproduction des orchidées serait impossible sans le secours des insectes.

Une des singularités du règne végétal est la *rafflésia*.

Cette plante croît à Sumatra et vit en parasite sur les souches d'une plante sarmenteuse, le cissus. Elle se compose uniquement d'une fleur monstrueuse, qui s'étale à la surface du sol, sans aucun accompagnement de ramifications ou de feuilles. Cette fleur a près de 3 mètres de circonférence, et la capacité de son godet central mesure de 6 à 7 litres ; son poids dépasse souvent 7 kilogrammes. Elle se compose de

Fleur de rafflésia.

cinq larges lobes charnus, couleur de chair, et d'une couronne annulaire. Ses étamines sont nombreuses, réunies en un seul corps. Avant son épanouissement, cette fleur ressemble à une grosse tête de chou pommé ; mais quand elle a étalé ses cinq lobes d'un rouge livide, elle répand une odeur cadavérique qui attire des nuées d'insectes friands de pourriture animale. Ceux-ci pénètrent par centaines dans son calice charnu, fouillent son pollen mielleux, s'en barbouillent, vont chercher quelque autre rafflésia, dont l'odeur leur fait espérer une nouvelle proie. Cette fleur ne mûrirait jamais ses graines sans l'intervention des insectes.

— Voilà une fleur qui ne serait pas facile à placer dans un herbier, dit Émilie.

— Rien n'est plus digne d'admiration que ce qui se passe chez les plantes aquatiques ; car, ici, il fallait éviter que le pollen se perdît dans l'eau. Certaines plantes sont munies de vessies natatoires pour s'élever de l'eau à la surface, à l'époque de la floraison. Ainsi la macre ou châtaigne d'eau germe au fond des étangs et se maintient sous l'eau tant qu'elle ne fleurit pas ; mais dès que le moment de la floraison est arrivé, le pétiole des feuilles se renfle en une espèce de vessie pleine d'air. Ces pétioles vésiculaires, disposés en rosette, soulèvent la plante à la surface ; la floraison s'effectue, et dès qu'elle est terminée, les vessies se remplissent d'eau, et la plante redescend dans le fond pour y mûrir ses graines.

La vallisnérie nous offre des phénomènes encore plus étranges. Cette plante, qui vit dans les eaux du midi de la France, porte sur des pieds distincts les fleurs étaminées et les fleurs pistillées. Dans les individus à pistils, la fleur est soutenue par une longue tige mince, flexible, roulée sur elle-même en tire-bouchon. Au moment de la floraison, cette tige s'allonge en se déroulant jusqu'à ce que la fleur arrive à la surface de l'eau, où elle s'épanouit. Les plantes à étamines, au contraire, ont leurs fleurs portées sur des tiges très courtes, non susceptibles d'extension. Ces

fleurs, encore à l'état de bouton, se détachent spon-
tanément de leur tige et remontent à la surface. Là,
elles flottent autour de la fleur à pistil, qu'elles couvrent de leur pollen, puis elles se fanent et meurent.
Après avoir reçu le pollen, la fleur à pistil resserre

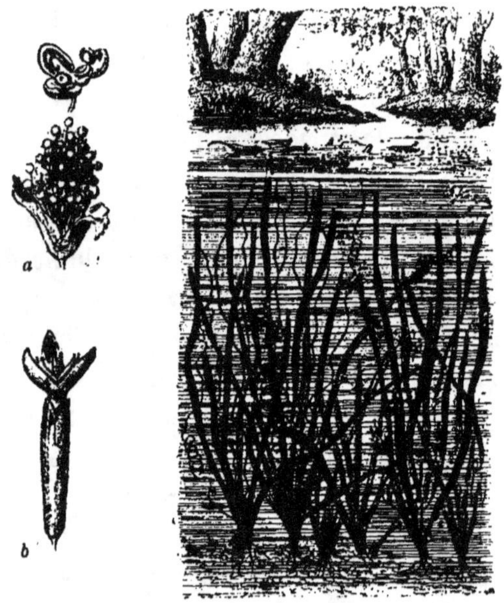

Vallisnérie. — *a*, fleur à étamines; *b*, fleur à pistil.

la spirale de sa tige et redescend au fond de l'eau,
pour y mûrir ses graines.

— Tout cela est admirable, en effet, dit Émilie, et
je prends décidément goût à la botanique.

— Eh bien! continuons notre herborisation, dont
nous nous sommes un peu éloignés.

Cette belle fleur bleue, lavée de rose, à feuilles

longues, étroites et couvertes de poils raides, c'est la pulmonaire. Les taches blanchâtres, les marbrures de ses feuilles, qui offrent quelque ressemblance avec les marbrures des poumons, lui ont valu non seulement le nom qu'elle porte, mais encore la réputation, malheureusement usurpée, de guérir les maladies pulmonaires. Toute la plante est rude au toucher, ce qui est dû aux poils raides dont elle est couverte; ce caractère et la structure de ses fleurs — calice et corolle entiers à cinq divisions, cinq étamines soudées au tube de la corolle — indiquent qu'elle appartient à la famille des boraginées, dont le type, la bourrache (en latin *borago*), ne fleurit qu'en été.

Bourrache.

Regardez sur ce vieux mur cette belle touffe de giroflées; comme ses fleurs, d'un jaune doré ou orangé, répandent un doux parfum! Voyez : sa fleur est composée d'une corolle à quatre feuilles ou pétales, disposées en croix de six étamines, dont deux sont plus courtes que les quatre autres; et d'un pistil en forme de longue gousse droite, divisée par une cloison sur laquelle sont attachées les graines. Toutes les fleurs qui présentent cette conformation appartiennent à la famille des crucifères ou porte-croix. Le chou, le navet, le colza, la moutarde sont des crucifères.

Voici justement, au pied de ce même mur, la moutarde sauvage ou sénevé, reconnaissable à ses feuilles inférieures en forme de lyre, tandis que les supérieures sont ovales ; ses fleurs sont grandes, réunies en grappes et d'un jaune clair. Cette plante est très commune dans les champs et les moissons,

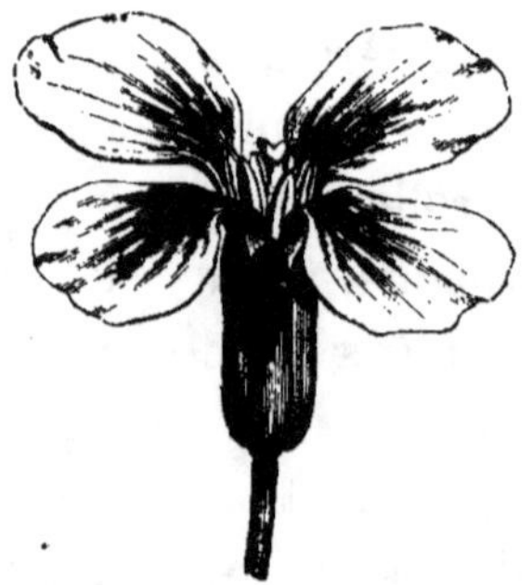

Fleur de giroflée.

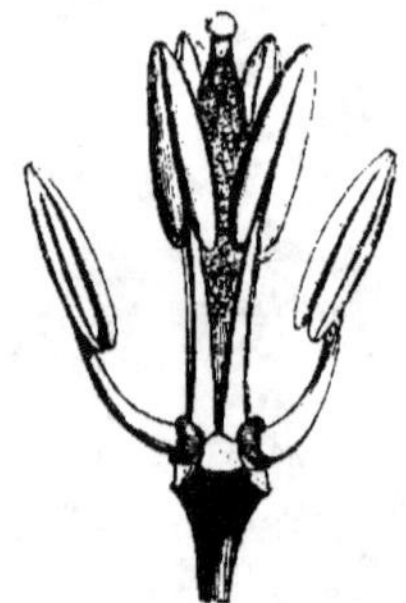

Étamines et pistil de giroflée.

où elle forme souvent de vastes tapis jaunes. Cette espèce n'est pas celle qu'on emploie dans la médecine ou pour la table ; on lui préfère la moutarde noire, très répandue également dans les champs, les lieux pierreux, et qu'on cultive en grand. Les graines de la moutarde noire, réduites à l'état de farine, acquièrent une saveur amère et piquante. Elles sont d'un emploi fréquent en médecine; délayées avec de l'eau ou même avec du vinaigre, elles sont appliquées sur la peau des malades, sous le nom de *sinapismes,* et agissent comme révulsif. Leur effet

est puissant dans l'apoplexie; la paralysie, l'hydro-
pisie. Vous connaissez la préparation qu'on en fait
pour la table. Ce condiment stimule l'estomac, excite

Verveine.

l'appétit et convient aux personnes dont les diges-
tions sont paresseuses.

Cette jolie plante à tiges rameuses, quadrangu-
laires, dont chaque branche est terminée par un
bouquet de petites fleurs d'un blanc violet, est la
verveine, plante autrefois célèbre par ses vertus mys-

térieuses, mais aujourd'hui déchue ; cependant on l'emploie encore pour la guérison des douleurs, soit fraîche, soit bouillie dans le vinaigre.

Prenez un échantillon ou deux de chacune de ces plantes, pour en composer votre herbier, et surtout ayez soin d'y mettre le nom, afin de ne pas l'oublier. Nous avons déjà là le géranium, type de la famille des géraniées ; le lychnis, qui appartient à la famille des caryophyllées...

— Aïe ! dit Émilie.

— Qu'avez-vous ? dis-je en la regardant étonné.

— C'est ce nom qui me paraît si difficile à retenir, chariot..., chariot...

— Non, caryophyllées. Ce mot vient du nom latin de l'œillet : *caryophyllus,* parce que l'œillet est le type de la famille. Le plus généralement, leurs fleurs ne sont pas dioïques comme dans les lychnis et portent réunis dans la même corolle le pistil et les étamines.

— Mais pourquoi alors ne pas l'appeler *famille des œillets ?* C'est un nom que tout le monde connaît.

— Oui, sans doute, mais c'est un nom vulgaire et non scientifique.

— La botanique n'est donc pas faite pour le vulgaire ?

— Elle est faite pour tout le monde ; mais il faut se soumettre à ses lois.

— Alors la botanique a changé tous les noms des plantes ; de sorte que ceci n'est plus une giroflée et cela n'est plus le sainfoin ?

— Si, ma cousine, cela est toujours bien la giroflée et le sainfoin pour le commun des mortels ; mais pour les savants, la giroflée devient le *cheiranthus cheiri*, et le sainfoin, l'*onobrychis sativa*.

— Et que signifient ces mots baroques ?

— *Cheiranthus* vient de deux mots grecs...

— Encore du grec ! interrompit Émilie. Mais c'est une véritable. manie. Croyez-vous donc que tout le monde sache le grec, surtout parmi les personnes de mon sexe ? Mais pardon de vous avoir interrompu ; vous disiez donc ?

— Que *cheiranthus* signifie fleur de la main.

— Fleur de la main ! et pourquoi fleur de la main plutôt que fleur des murailles ? Fleur de la main ! répétait-elle ; ah ! j'y suis, c'est sans doute pour la même raison qui a fait appeler un soufflet giroflée à cinq feuilles !

Je ne pus m'empêcher de rire de l'explication trouvée par ma cousine.

— Et que signifie, continua-t-elle, *onobris, onobrique?*

— *Onobrychis*, dis-je, signifie nourriture d'âne.

— Voilà qui est encore heureusement trouvé, dit-elle ; j'aurais plutôt compris qu'on donnât ce nom au chardon.

— Que voulez-vous, ma cousine, ce n'est pas moi qui suis l'auteur de ce méfait ! J'avoue que les savants n'ont pas toujours été heureux comme parrains et qu'ils ont parfois baptisé les plantes les plus gracieuses de noms aussi désagréables à l'oreille que rebelles à la mémoire la plus heureuse. Certes, des noms tels que *wachendorfia schweiggeria, krascheni-kofia* et tant d'autres n'ont rien d'harmonieux.

— Oh ! j'en ai la chair de poule. On dirait une invasion de barbares dans la poétique Italie.

— C'est ce qui a fait dire à Alphonse Karr que la botanique, telle que nous l'ont faite les savants, est l'art d'injurier les plantes en grec.

— Ah ! le joli mot, dit Émilie en riant de bon cœur.

— Très joli, en effet ; mais les noms scientifiques sont cependant nécessaires. Tenez, voici une charmante fleur que vous connaissez bien. Rien de plus gracieux que sa corolle bleu de ciel, dont les lobes arrondis semblent un feston d'azur autour d'une auréole d'or.

— C'est le ne m'oubliez pas.

— Oui, en français, mais les Allemands le nomment : *vergiss mein nicht ;* les Anglais, *forget me not ;* les Italiens lui donnent un autre nom, et ainsi des autres nations. Comment s'y reconnaître ? Ce serait une vraie tour de Babel ; tandis que pour les botanistes de tous les pays c'est le *myosotis,* nom gracieux, du reste, que lui a donné Linné. On ne fait pas de la botanique qu'en France, nous ne pouvons avoir la prétention d'exiger que toutes les nations adoptent les noms français, et comme le latin est une langue connue de tous les savants...

— On a donné aux plantes des noms tirés du grec, dit malicieusement Émilie en m'interrompant.

— Grecs ou latins, il faut bien les accepter tels qu'ils sont ; au moins pour les plantes qui n'ont pas de nom vulgaire, et le nombre en est grand. Mais, pour en revenir à notre myosotis ou ne m'oubliez pas, vous connaissez sans doute l'origine de ce dernier nom ?

— Je ne la connais pas, je l'avoue, et je vous serais bien obligée de me l'apprendre.

— C'est une histoire lamentable : deux jeunes fiancés, qui devaient être mariés le lendemain, se promenaient, au coucher du soleil, sur les bords du Danube. La jeune fille aperçut une touffe de myosotis ; elle désira l'avoir pour fixer, en la conservant, le souvenir de cette belle soirée ; le fiancé, en voulant la cueillir, tomba dans le fleuve,

Myosotis.

et sentant ses forces l'abandonner, oppressé, étouffé par l'eau, il rejeta sur le rivage la touffe de fleurs qu'il avait arrachée, en s'écriant : Ne m'oubliez pas ! Puis il disparut sous les flots pour toujours.

— Cette histoire est en effet touchante, dit Émilie,

et je me la rappellerai toujours en voyant le myosotis.

—Mais continuons notre herborisation. Un peu plus loin, vous pouvez voir l'ortie blanche et à côté d'elle l'ortie rouge ; ces deux espèces, très voisines l'une de l'autre, n'ont de l'ortie que la forme des feuilles. Leur corolle est fendue de manière à former deux lèvres, dont la supérieure protège comme un casque les quatre étamines d'inégale longueur, rapprochées par leurs anthères brunes. Cette inégalité des étamines, dont deux plus grandes que les autres, caractérise toute l'aromatique famille des labiées (à fleurs en lèvres). On distingue en outre les plantes de cette famille à leur tige ordinairement quadrangulaire et portant des feuilles opposées. Ces feuilles sont couvertes d'un grand nombre de petits réservoirs d'huile essentielle à laquelle les labiées

Fleur d'ortie blanche.

doivent leur odeur aromatique, variée suivant les espèces, et si agréable dans quelques-unes, qu'il suffit de nommer la sauge, le thym, le serpolet, la lavande, la mélisse, la menthe, le patchouly.

— Ah ! le patchouly est une plante labiée ; je ne l'ai jamais vue.

— Elle ne croît pas en Europe, mais dans les Indes orientales ; on la cultive cependant dans quelques jardins. C'est une plante à feuilles dentées, dont les fleurs forment de jolis épis violets. Vous connaissez l'odeur suave que conservent ses tiges desséchées. Mais les plantes de la famille des labiées

ne sont pas remarquables seulement par leurs par-
fums, elles ont en outre des propriétés médicales
précieuses ; prises en infusion, la plupart sont
toniques et stomachiques. A cette famille appartient
aussi cette jolie plante qui a pris racine dans le mur,
entre deux pierres ; c'est le gléchome ou lierre ter-

Mélisse.

Sauge des prés.

restre, dont le nom grec *glechon* se trouve déjà dans
Homère. Elle est bien reconnaissable à sa tige carrée,
à ses petites feuilles d'un vert luisant et à la lèvre
inférieure de sa corolle azurée, qui s'étale comme un
tablier marqué de taches rouges et pointillé de blanc.
Le lierre terrestre, pris en infusion, est recommandé
contre les maladies de poitrine. Son odeur forte et
pénétrante rappelle celle du chanvre.

Au bord du chemin croît le plantain, dont les larges

feuilles, étalées à terre en rosette, sont ovales et
sinuées sur les bords. De leur milieu s'élève une
hampe grêle qui se termine par un long épi de petites
fleurs serrées, d'un blanc rosé. Examinez ces petites
fleurs à la loupe, vous les verrez composées d'un

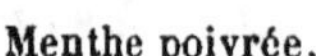

Menthe poivrée.

Lavande.

calice à quatre divisions, d'une corolle en tube, de
quatre étamines très longues et d'un pistil ; le fruit
qui succède à ces fleurs est une petite capsule à quatre
loges. Le plantain est le type de la famille des planta-
ginées. Cette plante, qui jouissait d'une grande réputation comme vulnéraire dans l'ancienne médecine,

n'est plus employée aujourd'hui que comme astringent dans les maladies d'yeux.

Voici l'ortie vraie, l'ortie brûlante, type de la famille des urticées. Vous avez sans doute appris,

Plantain.

plus d'une fois, à vos dépens, à connaître cette plante, et vous savez que sa piqûre occasionne une douleur qui rappelle jusqu'à un certain point la sensation de brûlure. Les épines dont ses feuilles sont armées sont placées, comme les dents de la vipère, sur une petite vésicule remplie d'une liqueur vénéneuse.

Toutes deux sont percées, dans toute leur longueur, d'un canal extrêmement délié, par lequel le venin s'insinue dans la plaie, lorsque la dent ou l'aiguillon appuie sur là vésicule par l'effet de la piqûre.

Voici encore la chélidoine ou grande éclaire. Ses grandes fleurs jaunes, à quatre pétales, ont à peu près l'aspect d'une croix ; mais le grand nombre de ses

Chélidoine.

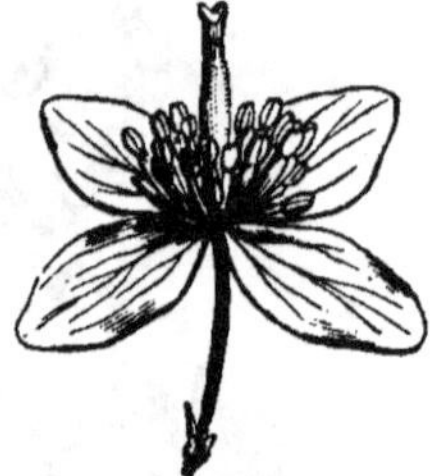

Fleur de chélidoine.

étamines la distingue des crucifères et la rapproche des pavots ; elle appartient en effet à la famille de ces derniers, les papavéracées. Ses feuilles, d'un vert bleuâtre, ont la forme de celles du chêne. De sa tige s'écoule, lorsqu'on la brise, un suc jaune et visqueux, d'une odeur forte et vireuse qui rappelle un peu celle de l'opium, et qui est córrosif. Les paysans l'emploient pour cautériser les verrues, d'où son nom vulgaire d'*herbe aux verrues*. Le nom scientifique de *chélidoine*, que lui a donné Linné, vient du

mot grec *chelidon*, qui signifie *hirondelle*, peut-être
en souvenir de cette fable rapportée par Pline, d'après
laquelle les hirondelles guériraient leurs petits aveu-
gles avec le suc de la chélidoine.

Narcisse.

Mais quittons ce vieux mur
pour traverser la prairie qui
s'étend devant nous. Un petit
ruisseau la parcourt en ser-
pentant et nous y ferons une
ample moisson.

— Oh ! mon cousin, la jolie
fleur ! dit Émilie en se baissant pour la cueillir ; on dirait une jonquille.

— Non, ce n'est pas une
jonquille ; celle-ci ne se
trouve que dans les jardins ;
mais elle appartient au même
genre : c'est le narcisse des
poètes. C'est une plante bulbeuse, ou à oignon, dont la
tige simple est comme enve-
loppée dans deux ou trois longues feuilles, et porte à son
extrémité une fleur blanche
et parfumée. Regardez-la de près, son organisation
est très curieuse. Ici, le calice est formé de six feuilles
égales, d'un beau blanc, et ressemble à une corolle,
et cette dernière est représentée par une couronne
courte à bord ondulé, d'un beau rouge, sur laquelle

sont insérées six étamines ; au milieu s'élève le pistil,
posé sur un ovaire de forme triangulaire. Cette fleur
appartient à la famille des amaryllidées, dont presque tous les membres croissent dans les régions
tropicales.

Ces jolies fleurs en
forme de coupe d'un
jaune d'or brillant, qui
croissent en abon-
dance au bord du ruis-
seau, sont des renon-
cules ou boutons-d'or.
Leur corolle élégante
est formée de cinq pé-
tales, au milieu des-
quels se dressent une
forêt de petites étami-
nes ; le pistil, caché au
milieu de celles - ci,
ressemble à une petite
fraise verte. Les plan-
tes de ce genre ont
toutes des propriétés
nuisibles et funestes,
malgré leur fraîcheur

Fleur de scabieuse.

et leur éclat, et on leur a donné des noms appropriés
à leurs qualités pernicieuses : c'est la renoncule âcre,
la renoncule scélérate, la renoncule brûlante, etc.
Elles forment le type de la famille des renonculacées ;
ce sont les Borgia du règne végétal.

— Oh! mais voyez donc comme ce champ est rempli de bleuets, de scabieuses et de coquelicots !

— Et parmi eux j'aperçois la nielle. Bien qu'on les rencontre toujours ensemble dans les champs, ces fleurs appartiennent à des familles différentes. Vous en connaissez déjà deux : celle des papavéracées, du nom latin du pavot, *papaver*, à laquelle appartient la chélidoine ; et celle des caryophyllées, dont font partie la nielle ainsi que le lychnis. Il nous reste donc à examiner le bleuet. Distinguez-vous ses caractères ?

— Ma foi, non, dit Émilie ; je n'y vois qu'une réunion de petits cornets et ne sais y reconnaître ni corolle ni étamines.

— C'est qu'en réalité le bleuet n'est pas une fleur unique, mais un assemblage de petites fleurs disposées en tête ou capitule et contenues dans un calice commun, composé d'un grand nombre de petites feuilles ou écailles, qui se recouvrent comme les tuiles d'un toit. Rien de plus gracieux que ces fleurons d'un bleu d'azur, qui entourent, comme une couronne élégante, les fleurs du centre, plus petites et de couleur purpurine. La couronne bleue n'est composée que de fleurons stériles ; les véritables fleurs sont celles du centre, qui ont des étamines et un pistil ; mais, pour bien les voir, il faut se servir d'une forte loupe. Le bleuet fait partie de la famille des composées, à laquelle appartiennent toutes les fleurs réunies en capitule dans un calice commun. Telles sont les centaurées, les scabieuses, les chrysanthèmes, les pissenlits, les chardons, etc. L'infusion du bleuet est fort employée contre les maux d'yeux, d'où son nom vulgaire de *casse-lunettes*.

Le coquelicot ou pavot des moissons était autrefois consacré à Cérès. C'est une fort jolie plante, avec sa tige mince et flexible, ses feuilles d'un vert glauque bien découpées et sa corolle d'un rouge éclatant. C'est une fleur pectorale, qui doit ses propriétés calmantes à la présence d'une petite quantité d'opium. Vous savez que l'opium, qui nous vient surtout d'Orient, est un suc concrété qui s'obtient par l'incision du pavot somnifère, le superbe frère de l'humble coquelicot. On le cultive également dans le Nord, sous le nom d'*œillette*, pour obtenir de sa graine une huile inodore et limpide, qui est fort employée dans les arts et qui remplace très bien celle d'olive pour les usages économiques.

Pavot.

Mais nous voici au bout du champ, que borde une
haie de cerisiers en fleurs. Qui ne connaît cet arbre
fruitier, dont les bouquets de fleurs, d'un blanc pur,
précèdent un fruit si brillant et si savoureux? Il appartient à la belle famille des rosacées, à laquelle

Fleurs de cerisier.　　　　　Fleur d'églantier.

nous devons la rose et la pêche, c'est-à-dire ce qu'il y
a de plus doux parfum parmi les fleurs et de plus délicieuse saveur parmi les fruits. Presque tous nos
arbres fruitiers font également partie de cette famille.
Mais voici un églantier ou rosier sauvage, dont la
fleur plus grande nous montrera mieux ses détails.

La fleur des rosacées, comme vous le voyez ici, a
un calice en tube renflé à cinq dents, une couronne

de cinq pétales et des étamines en nombre indéfini,
qui prennent naissance sur le haut du tube du calice.
Si vous coupez en long ce tube, vous verrez sa cavité
tapissée de poils, au milieu desquels sont fixés les
ovules ou graines. Voici l'aubépine, qui fait aussi
partie de la famille des rosacées. Ses bouquets de
fleurs blanches, emblème du printemps, répandent
un parfum délicieux. Dans l'antiquité, les Troglo-
dytes couvraient d'aubépine les cercueils de leurs

Coupe d'une fleur de rosier sauvage.

morts, comme symbole d'immortalité. En Grèce, on
en parait les autels de l'hyménée et les jeunes filles
en portaient des rameaux fleuris en accompagnant les
jeunes mariés.

Voici le pois, qui nous offre ses belles tiges volu-
biles et fleuries d'un blanc pourpré. Cette plante utile
va nous faire connaître une nouvelle famille, celle
des papilionacées, à laquelle appartiennent les genêts,
les haricots, le trèfle, la luzerne, l'acacia, et une foule
d'autres plantes. Examinez sa fleur, dont la corolle

à folioles inégales vous offre l'image d'un papillon aux ailes étendues. D'autres y ont vu, avec l'œil de l'imagination, un navire à voiles déployées ; le pétale

Pois et sa gousse. — *g*, graine ; *f*, funicule ; *t*, trophosperme.

supérieur, ailes ou voiles, est emboîté solidement avec les deux pétales inférieurs qui se réunissent pour enfermer les organes de la reproduction et prennent le nom de *carène*. A l'intérieur de la nacelle sont dix étamines soudées ensemble dans les deux tiers de leur longueur; cinq d'entre elles sont plus longues que les cinq autres; le pistil ou l'ovaire est comme une feuille repliée dans sa longueur et devient, en mûrissant, une gousse qui renferme les pois.

Mais je vois là une plante à laquelle beaucoup de femmes élèveraient des autels si elle possédait réelle-

Alchemille.

Scrofulaire noueuse.

ment les vertus qu'on lui attribuait autrefois. C'est l'alchemille ou pied-de-lion. Elle appartient encore à cette belle famille des rosacées. Elle est surtout remarquable par l'élégance de ses feuilles largement palmées et par ses touffes de petites fleurs verdâtres.

— Mais quelles sont ces vertus tant vantées dont vous parliez, mon cousin ?

— Ah! vous y voilà! dis-je en riant. Eh bien, les

anciens auteurs prétendent que sa décoction a la propriété de réparer les outrages du temps et de rendre aux traits la fraîcheur et l'éclat du printemps.

Mais en voici une autre, qui croît à l'ombre de cette haie, et qui jouissait également jadis d'une grande réputation. C'est la scrofulaire noueuse, vantée pendant longtemps comme un remède souverain contre la scrofule ; de là son nom de *scrofulaire*. Sa tige est carrée, ses feuilles larges et molles ; ses fleurs, disposées en grappe, d'un pourpre noirâtre, répandent une odeur désagréable. Analysez cette fleur : son calice est un tube à cinq dents ; sa corolle globuleuse, à deux lèvres, renferme quatre étamines et un pistil surmontant un ovaire à deux loges. Ce sont les caractères de la famille des antirrhinées, à laquelle appartient aussi la gueule-de-loup ou muflier.

Fleur d'épine-vinette (grossie).

L'épine-vinette, qui marie ses belles grappes de fleurs jaunes aux bouquets blancs de l'aubépine, va nous offrir des particularités intéressantes. Voyez ses petites feuilles ovales, d'un vert gai, qui naissent par bouquets à la base d'un faisceau de longues épines divergentes. Examinez ses fleurs disposées en grappes pendantes, vous les verrez composées d'un calice à six folioles, d'une corolle de six pétales jaunes, arrondis en rose, et de six étamines, au milieu desquelles est un pistil gros et court. Cette plante est le type de la famille des berbéridées (du nom latin de l'épine-vinette, *berberis*). Son fruit ovale, d'un rouge corail, marqué au sommet d'un point noir, contient un principe muqueux et acide qu'on emploie avec succès contre les fièvres inflammatoires et l'angine. Ces fruits fermentés avec l'eau miellée, fournissent un vin aigrelet très rafraîchissant et très agréable en été.

Regardez maintenant ce qui va se passer : je gratte légèrement de la pointe de mon canif la base du pistil, aussitôt les étamines se précipitent sur lui comme pour le défendre et le couvrir de leur corps et y restent quelque temps fixées.

— Oh! que cela est curieux! dit Émilie, qui renouvela l'expérience.

— Mais voilà assez d'analyse botanique pour aujourd'hui ; je craindrais de vous fatiguer, et d'ailleurs ma boîte est pleine des échantillons destinés à votre herbier. Nous les préparerons ce soir. Je vous parlerai, si vous voulez, chemin faisant, de quelques phénomènes intéressants que nous offrent les plantes.

— Bien volontiers, mon cousin ; vous ne sauriez croire combien tout cela m'intéresse.

— Vous vous rappelez sans doute ce que nous a dit le docteur : que la lumière est pour les plantes, comme pour la presque totalité des animaux vivants, le souverain bien ; qu'elles y aspirent de toutes leurs forces et y tendent par tous les moyens?

— Certainement et je me rappelle aussi les exemples qu'il nous a cités à l'appui.

— Vous savez que l'hélianthe tourne constamment ses grandes fleurs jaunes vers l'astre du jour et que, pour cela sans doute, on l'a appelé *fleur du soleil*. Il en est de même de l'héliotrope et d'une foule d'autres fleurs qui suivent le cours du soleil. Remarquez que cette prairie, qui nous paraissait couverte de fleurs lorsque nous tournions le dos au soleil, nous semble en être presque entièrement dépourvue, maintenant que nous marchons vers le couchant.

— Tiens, c'est vrai, dit Émilie ; à quoi cela tient-il ?

— C'est parce que, comme nous, elles sont toutes tournées vers le soleil couchant ; au contraire, si nous y arrivions du côté opposé, nous verrions la prairie briller de l'éclat de mille et mille fleurs. De même, lorsqu'on se dirige le matin vers la prairie, en regardant l'orient, on n'y aperçoit d'abord aucune fleur, parce qu'elles sont toutes tournées vers le soleil.

Une fois privées de lumière, les plantes, comme les animaux, s'abandonnent au sommeil. Qu'on parcoure les bois et les campagnes, qu'on suive l'eau murmurante d'un ruisseau, ou qu'on s'égare sur la pelouse déjà couverte de rosée, partout les plantes sont endormies. Le vent des orages les courbe sans les éveiller, le tonnerre gronde sans nuire à leur repos, la pluie les inonde sans interrompre leur sommeil. Comme les animaux, les plantes prennent leurs dispositions pour passer tranquillement ce moment de repos. Ainsi on voit les arroches relever l'une contre l'autre leurs feuilles opposées pour abriter entre elles leurs jeunes bourgeons ; la balsamine

des bois, au contraire, rabat ses feuilles en une voûte
protectrice autour de ses fleurs. Les trèfles redressent leurs folioles, qui dorment trois à trois sur de
longs pétioles ; l'œnothère, si commune sur le bord
de nos rivières, dispose le soir ses feuilles supérieures
en berceau, formant ainsi un appartement à jour, où
la fleur peut veiller ou dormir à son gré. Ailleurs, ce
sont les mauves aux jolies fleurs lilas, dont les feuilles
se roulent en cornets et s'approchent des fleurs ; la
sensitive, si délicate, s'endort tous les soirs d'un profond sommeil ; elle rapproche ses folioles, les applique
les unes sur les autres, puis elle abat ses longues
feuilles pliées sur sa tige et reste immobile jusqu'à ce
que la lumière ramène son réveil. Ce ne sont pas seulement les feuilles qui sont soumises aux alternatives
de veille et de repos ; les fleurs dorment, elles aussi.
Les unes se couchent de bonne heure et se réveillent
très tard ; d'autres ont le sommeil capricieux, elles hé-
sitent, elles s'inquiètent avant d'ouvrir complètement
leurs corolles, si de gros nuages ne cachent pas l'ho-
rizon, si le ciel enfin sera pur, pour qu'elles puissent
développer, sans les compromettre, leurs magnifi-
ques toilettes. Quelques-unes ouvrent régulièrement
leurs fleurs avec le jour pour les refermer dès que le
soleil se couche ; elles dorment donc plus longtemps
en automne qu'en été ; d'autres, au contraire, ont un
sommeil si régulier, qu'elles s'endorment ou se réveillent, c'est-à-dire ferment leurs fleurs ou les rou-
vrent, exactement à la même heure chaque jour,
sans égard pour la saison. L'illustre Linné, ayant

constaté ce fait, réunit dans un même parterre une série de plantes dormantes, dont chacune se réveillait à une heure différente, et il réussit ainsi à former une horloge florale dont la marche est assez régulière et à laquelle il a donné le nom poétique d'*horloge de Flore*. On peut donc, en suivant attentivement les moments précis où telle ou telle fleur s'épanouit et se referme, connaître la véritable heure du jour. Le cercifis jaune et la crépide des toits ouvrent leurs fleurs entre quatre et cinq heures du matin, pour les refermer de neuf à dix ; l'hémérocalle fauve et le liseron s'ouvrent entre cinq et six heures du matin, pour se refermer entre sept et huit du soir ; la crépide rouge et l'épervière des murailles s'épanouissent entre six et sept heures du matin, pour s'endormir vers les deux heures après midi ; à sept heures du matin s'ouvrent le souci pluvial, la laitue cultivée, le nénuphar blanc ; à huit heures, le mouron rouge, l'œillet prolifère ; à neuf heures, le souci des champs ; à dix heures, la mauve rose, la ficoïde ouvrent leurs corolles aux rayons du soleil. A dix heures du matin se ferme la belle-de-nuit ; à onze heures, le géranium triste ; à midi, le souci des champs et le laiteron de Laponie ; à une heure se ferme la crépide rouge ; à deux heures, l'épervière des murailles ; à trois, le mouron rouge et le souci pluvial ; à quatre, la porcelle des prés ; à cinq, l'épervière frutiqueuse ; à six heures du soir s'ouvre le géranium triste ; à sept se ferme le pavot à tige nue ; à huit, l'hémérocalle et le liseron droit.

En observant les habitudes de certaines plantes, on reconnaît en elles des baromètres vivants, qui indiquent le temps avec autant et souvent même plus de précision que ne le font les instruments de nos opticiens. Pour n'en citer que quelques-unes, la stellaire ou morgeline se réveille vers neuf heures du matin; elle redresse ses feuilles et ouvre ses fleurs pour veiller jusqu'à midi, si le temps doit rester beau ; mais s'il doit pleuvoir dans la journée, les fleurs ne s'ouvriront pas et la tige restera inclinée. Le souci pluvial ouvre ordinairement ses fleurs entre six et sept heures du matin et reste éveillé jusqu'à quatre heures du soir. Aussi longtemps qu'il agira ainsi, on peut compter sur le beau temps; mais s'il dort encore après sept heures du matin, on peut être certain qu'il pleuvra avant la fin de la journée. Le nénuphar blanc élève dès le matin sa fleur à la surface des eaux et la laisse ouverte pendant tout le jour; mais lorsque vient le soir ou que le ciel s'assombrit, il ferme ses fleurs et les retire sous l'eau.

— Que tout cela est singulier ! dit Émilie.

— Les précautions prises par la nature pour assurer la dispersion des graines ne sont pas moins admirables. Quand le fruit mûr est succulent, il ne tarde guère à se désorganiser ; ses parties se séparent, ses graines devenues libres s'étalent à terre, et dans les débris des enveloppes charnues elles trouvent un engrais qui favorise leur germination. Les semences des chardons, des bleuets, des pissenlits, des valérianes ont des volants, des aigrettes, des panaches, qui les portent à des distances prodigieuses. D'autres, comme celles de la giroflée jaune, sont taillées comme des écailles légères et vont, au moindre vent, s'implanter dans la plus petite fente d'un mur. Les graines de l'érable ont deux ailerons membraneux, semblables aux ailes d'une mouche. Celles de l'orme sont enchâssées au milieu d'une foliole ovale. Celles du cèdre sont terminées par de larges et minces feuillets.

Semence de valériane.

Semence de pissenlit.

Les semences trop lourdes pour voler ont d'autres ressources. Les valves du fruit de la balsamine se roulent tout à coup sur elles-mêmes et lancent leurs graines au loin. Celles qui n'ont ni aigrettes, ni ailes, ni ressorts, et qui, par leur pesanteur, semblent condamnées à rester au pied du végétal qui les a produites, sont souvent celles qui vont le plus loin : elles volent avec les ailes des oiseaux. C'est ainsi que se ressèment une multitude de baies et de fruits à noyau. Leurs semences sont renfermées dans des

croûtes pierreuses indigestibles. Les oiseaux les
avalent et vont les planter sur les corniches des tours,
dans les fentes des rochers, au delà des fleuves et
même des mers. La plupart des oiscaux ressèment
ainsi le végétal qui les nourrit. Des mammifères en
ressèment d'autres qui s'attachent à leurs poils au

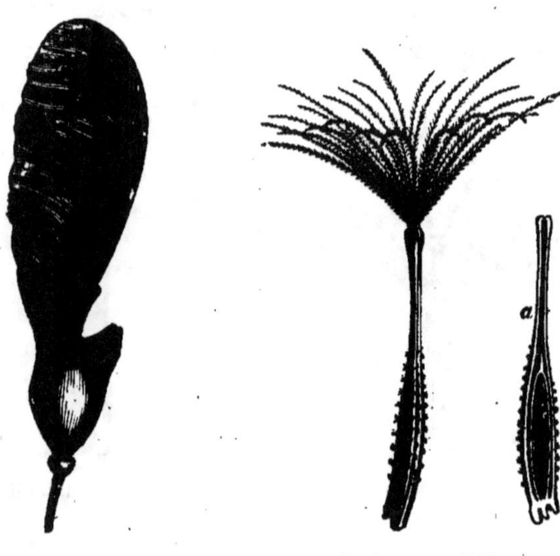

Graine d'érable.   Graine de salsifis.

moyen de crochets. Mais en voilà assez, trop peut-
être même, et nous voilà arrivés au but.

Aussitôt après dîner, je proposai à ma cousine de
préparer son herbier.

— Volontiers, me dit-elle ; montrez-moi comment
on s'y prend ; je suis tout yeux et tout oreilles.

— Rien de plus facile à faire qu'un herbier, comme
vous allez le voir. Vous prenez quelques mains de

papier brouillard ; celui qui boit le mieux est le meilleur, et il faut le prendre d'un assez grand format. Choisissez les plantes d'une hauteur proportionnée à celle de votre papier et faites en sorte d'avoir des échantillons qui représentent toutes les variétés de forme de la plante. Ainsi les feuilles du bas de la tige diffèrent souvent beaucoup de celles du milieu et encore davantage de celles du haut.

— Mais si la plante est trop grande ?

— Alors vous la pliez et la coupez en deux ou trois portions.

— Mais cela n'est pas joli !

— Sans doute ; mais rappelez-vous qu'un herbier est surtout fait pour l'étude.

— Et si c'est un arbre, ou même un arbuste ?

— Alors, vous vous contenterez d'un rameau, et si le bois en est trop gros vous le séparerez de son écorce et ne garderez que celle-ci avec les feuilles et les fleurs.

Cela fait, vous placez votre plante sur un coussin composé de trois ou quatre feuilles de papier brouillard ; puis vous l'étalez ensuite en tâchant de lui conserver son port naturel et surtout la position de ses diverses parties.

Ayez soin d'intercaler de petits morceaux de papier brouillard entre les feuilles qui chevauchent l'une sur l'autre, notamment entre les pièces de la fleur, lorsque celles-ci ne sont pas naturellement ouvertes ; sans cette précaution, elles noirciraient sur toute l'étendue de leur contact. Il faut, à mesure que vous étalez les diverses parties de la plante, les assujettir avec des pièces de monnaie ou de petits cailloux plats.

Quand vous aurez ainsi aplati votre plante, laissez-la une demi-heure en cet état, pour qu'elle s'amortisse sous la pression permanente des pièces de monnaie ; vous enlèverez ensuite ces dernières avec précaution et poserez sur la plante trois ou quatre feuilles de votre papier brouillard. Puis vous placerez le tout entre deux planchettes de même grandeur que le papier ; ces planchettes doivent être percées de trous, pour favoriser l'évaporation de l'humidité. Vous mettez alors le tout à la presse ou sous des pierres pendant vingt-quatre heures. Après cette opération, qui a pour but de forcer la plante à céder son humidité au papier qui l'absorbe, faites autour de vos planchettes une croix avec une corde peu serrée, suspendez-les dans un courant d'air, et au bout de huit à dix jours votre plante sera sèche. C'est ce que vous pourrez reconnaître par le simple toucher ; car si la plante contient encore de l'humidité elle donnera à votre main une sensation de fraîcheur ; si au contraire elle est sèche, la température de la main ne sera nullement altérée par le contact. Alors votre plante sera bonne à mettre en herbier.

Un excellent moyen de sécher rapidement les plantes, tout en conservant la couleur des fleurs et surtout le vert des feuilles, est de les placer à plat avec leurs cahiers de papier entre les matelas de son lit, jusqu'à ce qu'elles soient sèches. Mais s'il faut faire cette opération pour chaque plante en particulier, cela ne laisse pas d'être assez compliqué, lorsque, comme aujourd'hui, par exemple, on a fait une ample moisson.

Vous pouvez placer plusieurs plantes sur la même feuille, pourvu qu'elles ne se touchent pas, et vous pouvez en superposer dix à douze cahiers ainsi garnis entre les planchettes, en ayant soin d'intercaler trois ou quatre feuilles de papier brouillard entre chaque cahier. Toute votre récolte pourra ainsi être préparée en une seule fois.

Lorsque vos plantes sont bien desséchées, chacune d'elles doit être placée entre deux feuilles de papier blanc collé et être fixée à la feuille inférieure au moyen d'épingles, ou mieux de brides de papier gommé, et sur laquelle vous inscrirez son nom, le lieu et le jour où vous l'aurez recueillie. La plante ainsi annotée devient un monument dont l'inscription, toutes les fois qu'elle frappera vos yeux, vous rappellera, non sans charme, après bien des années, les moindres circonstances de votre herborisation.

PARIS. — TYPOGRAPHIE A. HENNUYER, RUE DARCET, 7.

www.ingramcontent.com/pod-product-compliance
Lightning Source LLC
LaVergne TN
LVHW012326170726
843503LV00002B/762